양자컴퓨팅 혁명

0과 1 너머의 세상

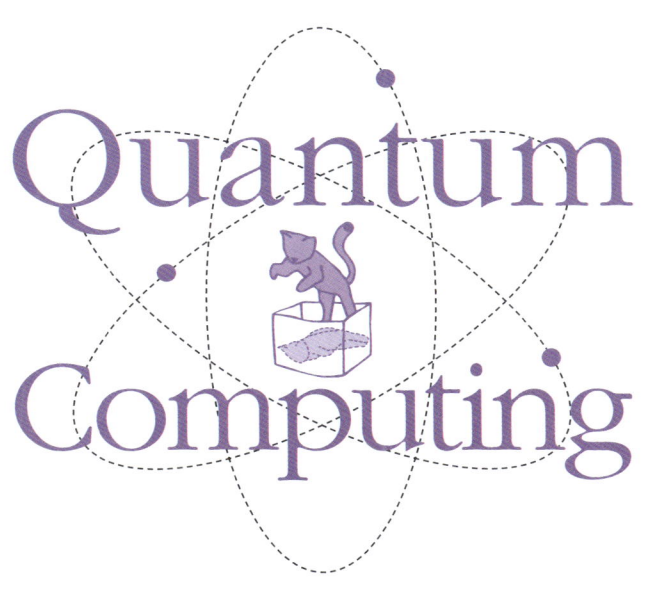

양자컴퓨팅 혁명

0과 1 너머의 세상

김정상·정연욱·김재완 지음

축사

올해 2025년은 UN이 선포한 '국제 양자과학기술의 해'입니다. 노벨 물리학상도 양자과학기술 발전에 기여한 존 클라크John Clarke, 미셸 드보레Michel H. Devoret, 존 마르티니스John M. Martinis가 수상하면서, 관련 분야에 대한 관심이 어느 때보다 뜨겁습니다.

1925년 베르너 하이젠베르크가 양자물리학의 기본 이론으로 행렬역학을 제시한 이래, 지난 100년 동안 양자과학은 눈부신 발전을 거듭해 왔습니다. 이론 속 가능성으로만 여겨지던 양자컴퓨터가 물리적 실체로 구현되었으며, 에너지, 전략 무기, 반도체 등 양자과학의 응용 분야도 점차 넓어지고 있습니다. 일상에서부터 국제정치·경제에 이르기까지, 앞으로 양자과학이 바꿀 미래는 우리가 지금까지 경험한 적 없는 모습일 것입니다.

양자컴퓨터는 고전컴퓨터의 연산 패러다임을 뿌리째 흔드는 새로운 도구입니다. 기존 디지털 암호 체계를 무력화시킬 강력한 양자컴퓨터가 등장하는 이른바 '큐데이Q-Day'가 오면, 세계

경제와 안보가 심각한 위협에 직면할 수 있습니다. 그러나 양자컴퓨터 활용으로 신약 개발, 금융 포트폴리오 최적화, 물류 혁신 등 고전컴퓨터로 해결하기 어려웠던 영역은 혁신의 기회를 얻게 될 것입니다. 이렇게 양면성을 가진 인류의 신기술을 어떻게 책임감 있게 발전시킬지도 우리가 풀어야 할 중요한 과제입니다.

2010년대 후반부터는 양자기술 주도권 확보를 위한 전 세계적인 경쟁이 본격화되었습니다. 미국, 중국, 유럽연합, 일본 등 과학기술 강국들이 잇달아 양자기술 연구개발과 산업적 활용을 위한 로드맵을 제시하면서 대규모 투자에 나섰습니다. 우리나라도 양자기술 산업 생태계 조성에 박차를 가하고 있는 가운데, SK그룹은 국내외 양자 기업 및 연구기관과 협력하여 양자 암호통신, 양자 센싱 등 핵심 분야에서 기술 경쟁력을 높이는 데 힘쓰는 중입니다.

양자기술의 중요성이 날로 높아지는 상황에서 최종현학술원이 《양자컴퓨팅 혁명: 0과 1 너머의 세상》을 펴낸 것을 매우 뜻깊게 생각합니다. 이 책에는 양자기술의 발전 과정, 양자컴퓨터 작동 원리와 하드웨어 플랫폼, 양자 정보통신 기술, 양자 기술 상용화를 향한 고민까지 다양한 통찰이 담겨 있습니다. 이 책이 널리 읽혀서 양자 기술에 대한 사회 전반의 관심을 환기하고, 나아가 양자 기술 발전에 도움이 될 수 있기를 기대합니다.

최종현학술원 이사장·SK회장 최태원

발간사

　　최종현학술원은 2018년 故 최종현 SK 선대 회장 20주기를 맞아 설립된 이래, 인류 보편 가치를 지닌 지식 창출과 확산에 노력하고 있습니다. 2021년부터는 첨단 과학기술 분야에 대한 정확하고 정제된 정보를 우리 사회 각계각층에 전달하고자 '과학기술혁신 시리즈'라는 출판 사업을 추진해왔습니다. 많은 독자의 성원에 힘입어, UN이 선포한 '국제 양자과학기술의 해'를 맞아 또 한 권의 책을 선보이게 되었습니다.

　　이번에 출간한 《양자컴퓨팅 혁명: 0과 1 너머의 세상》은 양자컴퓨팅과 양자 정보통신 기술에 대한 세계 석학들의 깊이 있는 통찰을 전하는 책입니다. 무엇보다 양자 중첩과 얽힘, 양자 원격전송 등 어렵게 느껴질 수 있는 양자과학의 기본 원리를 쉽게 풀어내는 데 많은 노력을 쏟았습니다. 이온트랩, 초전도 회로 방식 같은 양자컴퓨터 플랫폼의 발전 과정과 양자 암호통신 기술의 최신 동향을 폭넓게 소개하는 한편, 지속가능한 양자 산업 생태계 조성을 위한 현실적 고민도 함께 담았습니다.

한 권의 책이 나오기까지 많은 분들의 도움이 있었습니다. 우선, 이 책 출간의 계기가 된 세 차례의 '과학혁신 시리즈' 강연에서 양자컴퓨팅 분야 최전선의 이야기를 아낌없이 나누어 주신 김정상 교수님께 깊이 감사드립니다. 김정상 교수님은 최종현학술원의 모태 기관인 한국고등교육재단의 해외유학 장학생 출신으로서, 최근 재단과 학술원 두 기관의 시너지 활동에도 크게 기여하고 계십니다. 함께 강연을 만들어주시고 원고 집필에 힘써주신 정연욱 교수님, 김재완 교수님께도 각별한 고마움을 표합니다. 또한, 열띤 토론으로 내용에 풍성함을 더해주신 현택환 교수님, 안정호 교수님, 김준기 교수님께도 감사드립니다. 마지막으로 책의 완성도를 높이기 위해 편집에 심혈을 기울여주신 플루토 출판사, 학술원 과학혁신1팀 구성원, 그리고 김석현 박사님께도 감사 인사를 전합니다.

앞으로도 최종현학술원은 과학기술계와 사회와의 소통을 촉진하고, 전문가 교류와 지식 확산을 통해 우리 사회가 더 나은 방향으로 나아가는 데 기여하겠습니다. 미래를 향한 최종현학술원의 도전에 지속적인 관심과 성원을 부탁드립니다.

최종현학술원 대표이사 김유석

차례

축사   004

발간사   006

1장   **양자컴퓨터와 첨단 기술의 미래**   011

김정상

2장   **양자컴퓨터로 구현하는 차세대 통신 네트워크**   051

김정상

3장   **초전도 소자 기술로 구현하는 양자컴퓨터**   075

정연욱

4장	양자! 나노와 디지털을 넘어…	111
		김재완

5장	양자컴퓨팅 연구개발과 산업 전략에 대한 토론	143
	대담 김정상·정연욱·김준기 **사회** 현택환·안정호	

그림·표 출처　　　　　　　　　　　180

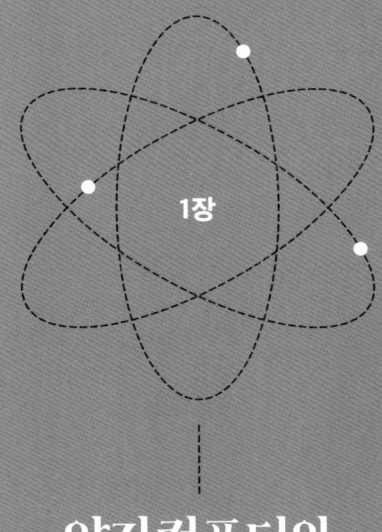

1장

양자컴퓨터와
첨단 기술의 미래

• 김정상 •

김정상

듀크대학교 전기컴퓨터공학과·물리학과 교수
아이온큐 IonQ 공동 창립자
미국 국립발명학술원 NAI 펠로우
최종현학술원 과학기술혁신위원회 위원

前 벨 연구소 Bell Labs 연구원

불가능의 영역에서 시작한 양자컴퓨터

공상과학 소설가 아서 클라크Arthur C. Clarke는 이런 말을 남겼습니다. "가능성의 한계를 확인하는 유일한 방법은 불가능의 영역에 조금이라도 도전하는 것뿐이다." 제가 양자컴퓨터quantum computer 개발에 매진해온 지난 20여 년간 많은 영감을 받은 문장입니다. 불가능하다고 여겨지는 영역을 탐구하려면 기존의 지식에 도전하는 창의적인 생각과 끈기가 필요하죠. 물리학 이론상으로만 존재할 것 같았던 양자컴퓨터도 거듭된 연구 끝에 결국 현실 세계에 등장했습니다. 오늘날 양자컴퓨터는 응용 분야를 확장하며 상용화에 점점 다가가는 한편, 글로벌 패권을 겨룰 승부처로도 부상하고 있습니다.

반도체 미세화의 한계에서 새로운 가능성을 보다

양자컴퓨터라는 새로운 기계 장치의 등장은 반도체 기술 성장과 밀접한 관련이 있습니다. 1970년대 이후로 수십 년 동안 반도체 칩의 단위면적당 트랜지스터 개수는 무어의 법칙Moore's Law을 따라 매년 약 50%씩 증가했습니다. 그리고 지금은 집적도 증가 속도가 다소 둔화한 상태죠.

1965년 노벨물리학상을 수상한 리처드 파인만Richard P.

Feynman은 무어의 법칙이 등장하기 훨씬 전에 집적회로의 미세화에 한계가 다가올 것이라는 선견지명을 가지고 있었습니다. 회로의 집적도를 높이다 보면 결국 트랜지스터 한 개가 원자 한 개만큼 크기가 굉장히 작아져야 하는데, 그 정도 규모에서는 트랜지스터의 작동 방식을 고전 물리법칙에 의해 설명할 수 없다고 예측했던 것입니다.

놀랍게도 파인만 교수는 이런 불가능의 영역을 위기라기보다는 기회로 여겼습니다. 집적회로 미세화의 한계점이야말로 양자역학이 등장할 수 있는 계기라는 것이죠. 양자 원리로 작동하는 컴퓨터, 즉 양자컴퓨터라는 화두는 1950년대 말에 이렇게 과학계에 등장했습니다.

양자 세계의 초능력: 중첩과 얽힘

고전컴퓨터에서 정보의 기본 단위는 비트^{bit}입니다. 0과 1로 구분해서 한 가지 상태만 표현한다는 전제하에 정보 처리가 이뤄지죠. 양자컴퓨터에는 양자 비트$^{quantum\ bit}$ 또는 큐비트^{qubit}라 불리는 정보 단위가 있는데, 큐비트는 고전 비트와 구별되는 두 가지 특징이 있습니다.

첫 번째는 양자 중첩$^{quantum\ superposition}$으로, 두 개 이상의 양자 상태가 확률적으로 공존하는 현상을 말합니다. 중첩이라는

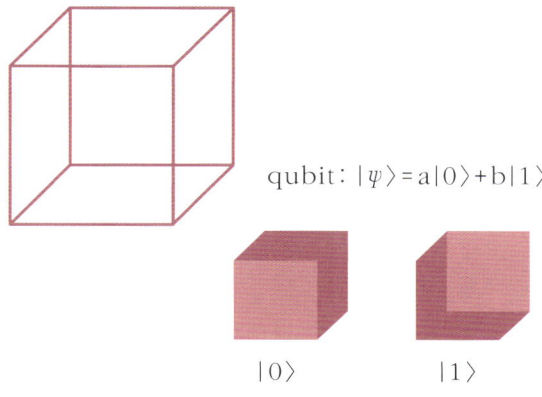

그림 1-1 ▶ 양자 중첩은 착시 현상에 비유하여 이해할 수 있다

현상은 고전적인 물리법칙으로는 경험할 수 없지만, 착시 현상에 빗대서 시각화해보면 이해할 수 있습니다. 그림 1-1에서 정육면체는 어떻게 바라보느냐에 따라 위에서 내려다보거나 아래에서 올려다보는 두 가지 상태가 모두 가능합니다. 이렇듯 착시를 일으키는 정육면체처럼, 하나의 큐비트는 두 가지 가능성을 동시에 가질 수 있습니다. 고전컴퓨터가 0 또는 1이라는 2진법으로 정보를 표현하는 것과 달리, 큐비트 정보는 0과 1의 중첩이 허용됩니다. 두 가지 상태를 동시에 처리할 수 있다는 것이 양자컴퓨터가 가진 첫 번째 초능력이라 할 수 있죠. 단, 중첩 상태를 측정하면 중첩된 양자 상태는 불가역적으로 붕괴해서 고전적인 물리 현상과 마찬가지로 하나의 상태를 택합니다. 착시 현상에서 둘 중의 한 가지 경우로 인식이 고정되듯이 말이죠.

두 번째 특징은 여러 개의 큐비트 상태가 서로 연동되는 양자 얽힘quantum entanglement 현상입니다. 그림 1-2처럼 쌍을 이룬 정육면체 중 하나가 0(위에서 내려다보는 상태)이면 다른 하나도 0이 되고, 하나가 1(아래에서 올려다보는 상태)이면 다른 하나도 1이 되는 상황에 비유할 수 있습니다. 무엇보다도 이러한 상태의 연동은 한쪽 정육면체를 관찰하는 것과 동시에 이루어집니다. 고전적으로는 벌어질 수 없는 이러한 근원적 연동성이 양자컴퓨터의 두 번째 초능력이라고 할 수 있습니다.

아인슈타인Albert Einstein은 "신은 주사위 놀이를 하지 않는다"라고 했고, 이런 상태가 "유령 같다spooky"라고 표현하며 양자 중첩과 양자 얽힘을 믿지 않았습니다. 떨어져 있는 두 개의 입자가 빛보다 빠른 속도로 연결되는 현상은 상대성 이론으로는 설명할 수 없기 때문입니다. 아인슈타인도 부정할 정도였으니, 과학계가 양자 얽힘을 정설로 받아들이기까지는 시간이 걸렸습니다.

1960년대가 되자, 존 스튜어트 벨John Stewart Bell이 놀라운 것을 발견했습니다. 양자 얽힘을 실험적으로 증명할 방법, 즉 벨 부등식Bell's inequality 실험을 고안한 것입니다. 그 후 1970~1980년대에 벨의 부등식을 실험적으로 검증하고 양자 얽힘을 활용해 양자 상태의 원격전송을 구현한 세 명의 과학자[1]는 2022년에 그 공로를 인정받아 노벨 물리학상을 수상했습니다. 결국 아인

---

1 — 알랭 아스페Alain Aspect, 존 클라우저John Clauser, 안톤 차일링거Anton Zeilinger

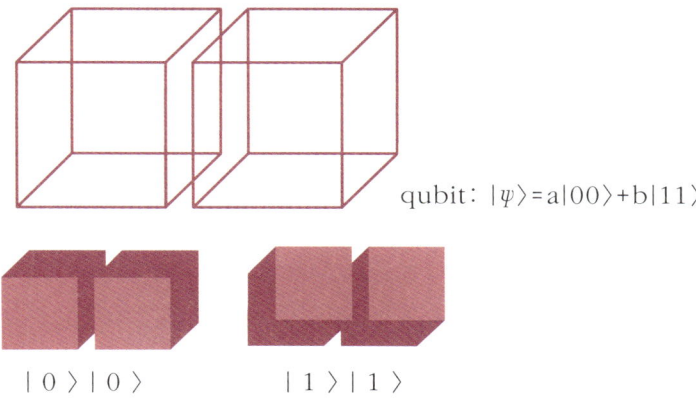

그림 1-2 ▶ '유령 같은' 양자 얽힘 현상

슈타인이 이것에 대해서만큼은 틀렸으며, 양자 얽힘 현상은 존재한다는 사실이 밝혀졌죠.

고전컴퓨터 vs. 양자컴퓨터: 차이는 병렬 처리에 달려 있다

 우리는 고전물리학이 지배하는 세계에 익숙한 만큼 중첩과 얽힘 현상을 직관적으로 이해하기가 매우 힘듭니다. 하지만 일단 양자 현상을 자연법칙으로 받아들이면, 정보 처리 기술과 관련해 굉장히 큰 가능성이 열립니다. 그중 가장 핵심적인 기술이 병렬 처리parallel processing인데, 중첩과 얽힘을 이용하면 엄청난 경우의 수를 동시에 고려할 수 있습니다. 세 개의 비트로 이뤄진 레지스터$^{register\,2}$를 예로 들면, 고전적으로는 어느 한순간에 000 부터 111까지 여덟 가지 상태^3 중에 한 가지만 존재할 수 있습니다. 하지만 양자컴퓨터에서는 큐비트가 세 개 있으면 여덟 가지 경우의 수를 동시에 표현하고 저장하고 처리할 수 있죠.

    비트가 세 개일 때는 병렬 처리를 하지 않아도 별 차이가 없지만, 300개로 늘어나면 처리해야 하는 경우의 수가 2^{300}에 이릅니다. 즉, 우주 전체에 존재하는 원자의 수보다 많아집니다. 오늘날 스마트폰과 같은 전자기기의 메모리는 수천 억에서 수조 개의 비트로 되어 있는데, 이렇게 방대한 정보를 처리할 때는 병렬 처리의 유무에 따라 속도가 크게 차이가 납니다. 고전컴퓨터라면 경우의 수를 하나씩 따져보느라 오랜 시간이 걸릴 문제를 양자컴퓨터는 한꺼번에 처리할 수 있습니다. 특히 오늘날 난제라고 부르는 문제 중에는 고전컴퓨터로 풀기에는 시간이 너무 오래 걸려서 사실상 답을 찾기가 불가능한 경우가 많습니다. 양자컴퓨터가 발전하면 이런 난제를 현실적인 시간 안에 풀 수 있습니다.

쇼어 알고리듬, 양자컴퓨터의 잠재력을 증명하다

    그런데 병렬 처리를 한다고 해서 원하는 답이 바로 나오는

---

2 — 컴퓨터가 한 번에 처리하고 저장하는 정보의 최소 단위
3 — 000, 001, 010, 011, 100, 101, 110, 111

건 아닙니다. 양자 정보의 특성상 답이 될 수 있는 여러 경우의 수 중에서 실제로 측정할 수 있는 것은 단 하나뿐입니다. 양자 상태를 측정하면 중첩 상태 중의 한 가지를 선택하기에, 동시에 나머지 가능성을 확인할 방법이 없기 때문입니다. 우리가 찾는 답이 여러 가지 가능성에 숨어 균등한 확률로 분포되어 있다면, 병렬 처리와는 별개로 정답을 확인하기 위한 반복 측정과 엄청난 연산량이 필요합니다. 그렇다면 실용적인 측면에서 과연 양자컴퓨터가 고전컴퓨터에 비해 이점이 있는지 의문스러워지죠. 그래서 한때는 학문적 호기심으로 양자컴퓨터를 만들더라도 과연 쓸 데가 있을지 회의적인 사람이 많았습니다.

결론부터 말하면, 병렬 처리가 빛을 발하기 위해서는 훌륭한 양자 알고리듬quantum algorithm이 필요합니다. 양자 알고리듬은 1990년대 초 데이비드 도이치David Deutsch를 필두로 한 과학자들에 의해 등장한 개념입니다. 쉽게 설명하자면, 수도 없이 많은 가능성을 동시에 고려하되 정답일 확률이 높은 경우를 증폭시키는 수학적 도구를 말합니다. 그래서 병렬 처리 후 적은 연산으로도 정답을 특정할 수 있게 해줍니다.

지금까지 나온 양자 알고리듬 중에서 가장 획기적인 것은 단연코 쇼어 알고리듬Shor's algorithm입니다. 1994년, 벨 연구소Bell Labs의 수학자였던 피터 쇼어Peter Shor는 소인수분해 문제를 쉽게 풀 수 있는 양자 알고리듬을 발표했습니다. 양자컴퓨터로 현실 세계의 문제를 해결할 수 있는 가능성을 최초로 제시한 것이죠.

이때부터 양자컴퓨터의 잠재력이 널리 인정받기 시작했고, 연구개발도 본격화되었습니다.

소인수분해와 쇼어 알고리듬에 대해 좀 더 자세히 살펴볼까요? 예를 들어, 3 곱하기 13은 답을 찾기가 매우 쉽습니다. 초등학교 때 배운 곱셈 원칙만 알고 있으면 이보다 더 큰 숫자를 곱하는 것도 어렵지 않죠. 그런데 숫자를 주고 소인수분해하라는 문제는 이보다 어렵습니다. 39라면 3과 13으로 소인수분해하기가 어렵지 않지만, 수십 혹은 수백 자리의 합성수를 소인수분해하려면 소수의 곱을 일일이 따져봐야 하므로 문제 풀이 시간이 기하급수로 늘어날 겁니다. 고전컴퓨터로는 감당하기 힘든 연산량입니다.

하지만 양자컴퓨터에 쇼어 알고리듬을 적용하면 문제 풀이 속도가 엄청나게 빨라집니다. 39를 소인수분해할 때 준비과정

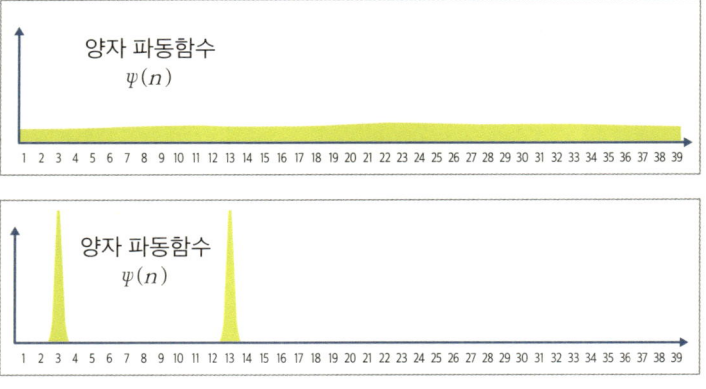

그림 1-3 ▶ 쇼어 알고리듬을 활용한 소인수분해

의 초기 양자 상태는 1부터 39까지 정답일 확률이 균등했던 상태(그림 1-3 위)인데, 쇼어 알고리듬을 적용한 후 측정하면 3과 13이라는 두 숫자를 소인수로 특정할 수 있을 만큼 확률이 증폭됩니다(그림 1-3 아래).

몇 초 만에 암호 체계가 뚫릴 수 있다?

쇼어 알고리듬은 양자컴퓨터의 활용 가치를 증명했을 뿐 아니라 세상에 굉장한 충격을 주었습니다. 오늘날까지 가장 널리 쓰이는 암호 체계가 소인수분해에 바탕을 두고 있기 때문입니다. 이런 암호 체계 덕에 인터넷 쇼핑을 할 때 신용카드 정보를 암호화해서 전송하고, 해킹당할 걱정 없이 온라인 송금을 할 수 있죠. 전자상거래로 오가는 돈은 하루에도 수조 달러에 이를 만큼 엄청난 규모입니다.

한쪽 방향으로는 풀기 쉬운데 반대 방향으로 풀기는 어려운 문제를 일방향one-way 문제라고 합니다. 그중에서도 결정적인 정보가 있으면 풀기 쉬워지는 문제를 트랩도어trapdoor라고 부릅니다. 소인수분해가 대표적인 트랩도어 문제죠. 트랩도어 함수는 암호 체계의 수학적 기반으로, 현재 상용화된 대부분의 암호 체계는 트랩도어 함수를 이용한 것입니다.

2005년, 게이오대학 로드니 반 미터Rodney Van Meter 교수가 분석한 결과(그림 1-4)는 소인수분해를 기반으로 한 암호가 얼마나 풀기 어려운지 보여줍니다. 소인수분해를 기반으로 한 일반적인 암호는 1,000~2,000개 정도의 비트를 사용하는데, 이것을 해독하려면 고전컴퓨터로는 지금까지 알려진 가장 빠른 알고리듬[4]을 이용해도 수십억 년이 걸립니다(그림 1-4 ① 하늘색 선). 우주의 나이에 필적할 만한 시간이죠. 현실적으로는 불가능한 시간이므로, 이 암호 체계는 충분히 안전하다고 볼 수 있습니다.

그런데 쇼어 알고리듬이 등장하면 얘기가 달라집니다. 고전컴퓨터라면 비트 수가 증가할수록 암호 풀이 시간이 기하급수로 늘어나지만(그림 1-4 ① 하늘색 선), 쇼어 알고리듬을 사용하면 비트 수가 증가해도 연산 시간은 산술적으로만 늘어납니다(그림 1-4 ② 녹색 선). 어느 지점부터는 1초에 논리 게이트를 하나밖에 처리하지 못하는, 즉 클럭 속도 clock speed가 1Hz(1Hz=1/sec)에 불과한 매우 느린 양자컴퓨터라도 아주 뛰어난 고전컴퓨터보다 문제를 빨리 풀 수 있습니다. 이렇게 소인수분해의 비트 수가 증가하면서 양자컴퓨터가 고전컴퓨터에 비해 처리 속도가 월등히 빨라지는 현상을 양자강화 quantum enhancement라고 합니다(그림 1-4 ① → ② 녹색 화살표).

흥미롭게도, 똑같은 쇼어 알고리듬을 적용해도 양자컴퓨터가 발전함에 따라 소인수분해 속도가 훨씬 더 빨라질 거라고 합

---

4 — Number Field Sieve (NFS)

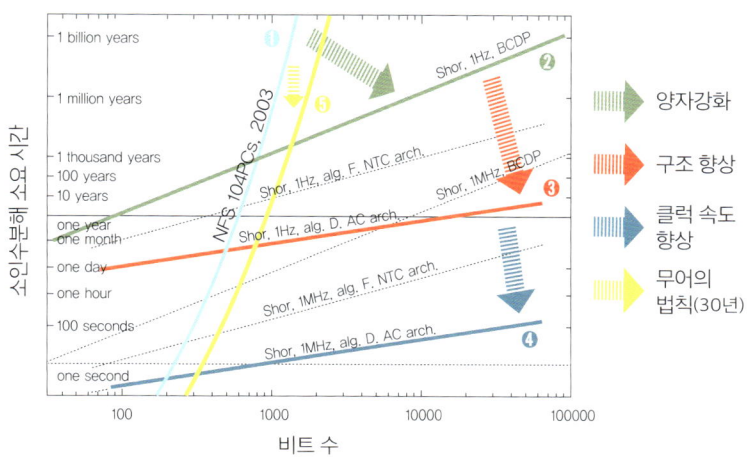

그림 1-4 ▶ 소인수분해 문제에서 양자강화 현상

니다. 컴퓨터 아키텍처가 향상되면 약 10만~100만 배(그림 1-4 ③ 주황색 선)나 시간을 단축할 수 있습니다. 여기에 더해 1초당 한 개가 아니라 100만 개 정도의 논리 게이트를 처리할 만큼 클럭 속도가 올라가면, 수십억 년이 걸릴 문제도 몇 초 만에 해결되겠죠(그림 1-4 ④ 파란색 선). 1970년대에 비해 2020년대에는 컴퓨터 속도가 약 10억~100억 배나 빨라졌으니, 이러한 예측은 실현 가능해 보입니다.

물론 무어의 법칙에 따른다고 하면, 고전컴퓨터의 연산 성능도 18개월마다 두 배씩 증가할 겁니다. 그러면 지금 10억 년이 걸릴 1,000비트 문제가 30년 후에는 1,000년짜리 문제가 되겠죠(그림 1-4 ⑤ 노란색 선). 그런데 비트 수가 1,000에서 2,000으로 늘어나는 순간, 연산 시간은 다시 비현실적인 수준이 됩니다. 고전컴퓨터로는 연산 시간이 비트 수에 대해 기하급수적으로 증가하기 때문에 분명 한계가 있습니다. 이렇게 고전컴퓨터로 감당할 수 없는 비트 수를 처리할 때 양자컴퓨터의 진가가 드러나죠.

그러니까 현재 가장 널리 쓰이는 암호 체계는 큰 수는 소인수분해하기 어렵다는 사실을 바탕으로 합니다. 그런데 양자컴퓨터로 쇼어 알고리듬을 돌리면, 고전컴퓨터를 사용할 때는 매우 안전했던 암호 통신이 아주 취약해질 수 있겠죠. 이러한 위기감은 양자컴퓨터의 상용화 연구에 큰 불씨가 되었습니다. 기존 질서를 위협할 만큼 강력하고 위험한 도구로서 양자컴퓨터의 잠재력은 명확해졌습니다.

큐비트를 구현하는 다양한 방법

1997년, 원자물리학 연구로 노벨상을 수상한 윌리엄 필립스William Philips는 "고전컴퓨터와 양자컴퓨터의 차이는 주판과 슈퍼컴퓨터의 차이보다 훨씬 크다"라고 했습니다. 이는 기존의 틀에서 벗어나 완전히 다른 방식으로 접근해야 양자컴퓨터 개발에 성공할 수 있다는 뜻이기도 합니다.

양자컴퓨터 개발의 첫 번째 관문은 양자정보 단위인 큐비트를 구현하는 것입니다. 중첩과 얽힘이라는 양자의 특성을 표현

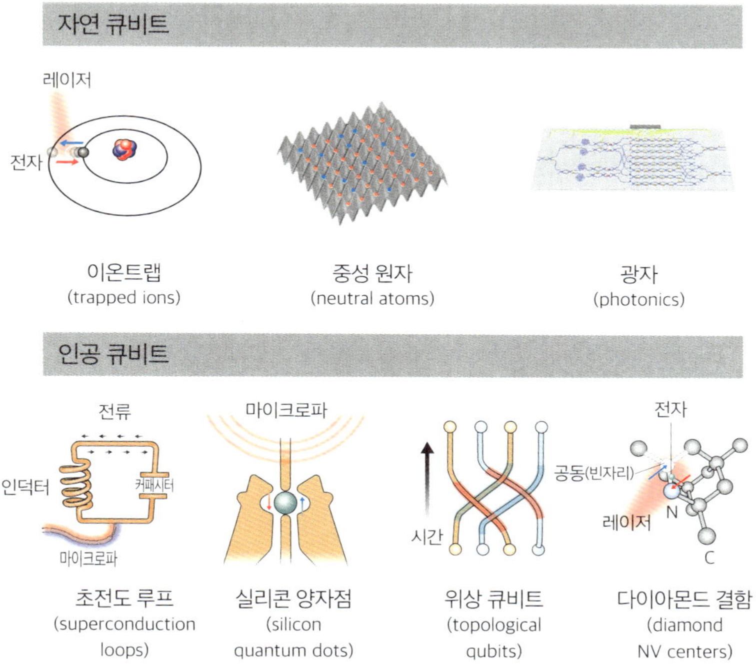
자연 큐비트
레이저
전자
이온트랩
(trapped ions)
중성 원자
(neutral atoms)
광자
(photonics)
인공 큐비트
전류
인덕터
커패시터
마이크로파
초전도 루프
(superconduction loops)
마이크로파
실리콘 양자점
(silicon quantum dots)
시간
위상 큐비트
(topological qubits)
전자
공동(빈자리)
레이저
N
C
다이아몬드 결함
(diamond NV centers)

그림 1-5 ▶ **다양한 큐비트 기술**

할 수 있는 물질만이 큐비트의 물리적 매개체가 될 수 있습니다.

오늘날 큐비트 기술은 자연 큐비트와 인공 큐비트로 나뉩니다(그림 1-5). 제가 연구하는 이온트랩ion trap을 포함하여 자연계에 존재하는 원자나 광자를 이용하는 기술이 자연 큐비트 방식입니다. 이에 반해 반도체 소자device처럼 특수한 제조 공정을 통해 만들어내는 큐비트를 인공 큐비트라고 합니다. 초전도superconducting 큐비트가 대표적인 예입니다.

역사상 새로운 기술의 개념이 등장하면 다양한 시도가 이뤄지고 시간이 지나면서 제일 효율적인 방식으로 수렴합니다. 예를 들어 자전거는 처음에 앞바퀴가 크고 뒷바퀴가 작은 것, 두 바퀴의 크기가 비슷한 것 등 여러 가지 형태가 시도됐습니다. 그 과정에서 진화를 거듭하면서 앞바퀴와 뒷바퀴 크기가 비슷하고, 앞바퀴로 방향을 잡고 뒷바퀴로 동력을 전달하는 구조가 가장 적합하다는 공감대가 생기면서 지금의 형태로 굳어졌죠.

고전컴퓨터도 이와 비슷한 과정을 거쳤습니다. 논리 게이트 logic gate를 구현하는 데 기계적 방식, 진공관을 이용한 전자 방식 등 다양한 기술이 쓰이다가, 1970년대에 등장한 CMOS[5] 구조가 2진수의 비트를 표현하기에 가장 적합하다고 인정받았고 그 이후로 컴퓨터 기술이 비약적으로 발전했습니다. 큐비트 기술도 이와 비슷해서, 지금은 발전 초기인 만큼 여러 기술이 함께 성장하며 다양한 가능성을 타진하고 있습니다.

양자 논리 게이트와 컴퓨터 아키텍처

양자컴퓨터가 작동하려면 큐비트 외에도 양자 논리 게이트가 필요합니다. 양자의 특성을 갖춘 큐비트를 자유자재로 이용

5 — complementary metal-oxide-semiconductor, n채널을 가진 n형 MOSFET과 p채널을 가진 p형 MOSFET이 하나의 상보적인 쌍으로 결합한 반도체

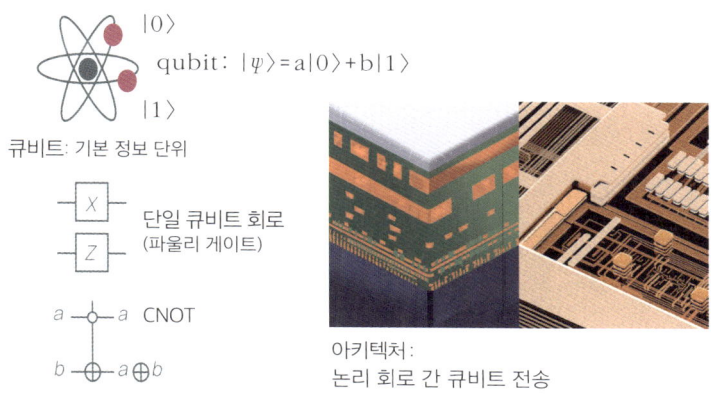

그림 1-6 ▶ **양자컴퓨터 기본 하드웨어: 큐비트, 논리 게이트, 아키텍처**

해 실제로 연산을 수행하는 기본 단위를 양자 논리 게이트라고 합니다. 이때 '논리'란 정해진 입력값에 대해 출력값을 확실히 결정한다는 뜻입니다. 논리 게이트도 큐비트 하나에 대해 연산을 수행하거나, 두 개 이상을 입력값으로 받아 처리하는 등 다양한 유형을 시도할 수 있습니다. 논리 게이트는 소자 단위의, 큐비트 정보를 사용하는 하드웨어이기 때문에 큐비트와 연계해서 같이 연구되고 있죠.

그런데 우리가 간과하곤 하는 컴퓨터의 핵심 요소가 하나 더 있습니다. 바로 논리 게이트 간의 연결입니다. 고전컴퓨터의 첨단 반도체 칩은 실리콘 표면 위에 비트를 표현하는 트랜지스터 소자가 한 겹 깔려 있고 그 위에 수많은 전선^{wire} 층이 있습니다. 이 전선이 소자와 소자를 연결하는 역할을 하여, 한 논리 게이트의 출력값을 다음 논리 게이트의 입력값으로 전송합니다. 이러한 연결 방식에 따라, 처리할 수 있는 연산 유형을 비롯하여 궁극적으로는 컴퓨터 칩의 성능이 달라지죠.

한편 소자와 전선 등 하드웨어의 여러 요소를 배치하고 연결하는 전체적인 방식을 컴퓨터 아키텍처^{architecture}라고 하는데, 양자 환경에서는 전선 역할을 하는 구조물을 만들기가 상당히 어렵습니다. 그러니까 큐비트, 논리 게이트, 아키텍처의 세 가지 요소가 모두 갖춰져야 제대로 된 양자컴퓨터를 구현할 수 있습니다(그림 1-6).

원자 시계와 이온트랩, 알고 보면 같은 원리?

이온트랩은 자연 큐비트를 구현하는 방식 중에서 가장 앞선 기술입니다. 지구상에 존재하는 원자의 양자 특성을 활용하는 기술은 수십 년 전 원자시계를 만들면서 시작되었습니다. 현재 세계 공통으로 사용하는 1초의 길이는 세슘$^{Cesium, Cs}$ 원자를 이용해 정의합니다(그림 1-7 위). 핵과 전자의 스핀 사이에 일어나는 초미세 상호작용$^{hyperfine\ interaction}$으로 인해 바닥 상태$^{ground\ state}$인 원자의 전자가 가질 수 있는 에너지 준위는 세밀하게 나뉩니다. 이를 초미세 구조$^{hyperfine\ structure}$라고 합니다. 초미세 구조로 나뉜 에너지 준위는 바닥 상태라는 특성상 안정적이기 때문에, 최외각

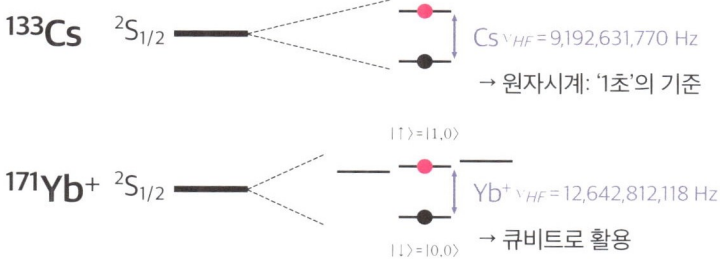

그림 1-7 ▶ 세슘 원자와 이터븀 이온의 초미세 구조

에 있는 전자가 핵까지 오갈 때 흡수하거나 방출하는 전자기파의 진동수를 매우 정밀하게 측정할 수 있죠. 세슘의 경우에는 이 값이 91억 9,263만 1,770헤르츠입니다. 오늘날 1초의 정의는 세슘의 초미세 구조에서 에너지 준위 간의 전이 전자기파가 91억 9,263만 1,770번 진동하는 데 걸리는 시간을 말합니다.

이터븀$^{Ytterbium, Yb}$도 세슘 못지않게 정밀하게 전이 진동수를 측정할 수 있는 원자입니다(그림 1-7 아래). 이터븀 원자에서 전자를 하나 빼면 양전하를 띤 이온이 되는데, 전자가 하나 빠졌을 뿐 여전히 핵과 전자를 가지고 있습니다. 이터븀 이온$^{Yb^+}$에서 최외각에 있는 전자의 바닥 상태의 초미세 구조는 네 개의 에너지 준위를 가지는데, 이온트랩에서는 그중 두 개의 에너지 준위를 큐비트로 활용합니다. 이터븀 이온 하나하나에 대해 핵 스핀에 정보를 저장하고, 전자 스핀을 레이저로 제어해 저장된 정보를 가공하는 원리라고 보면 됩니다.

이터븀 이온 큐비트: 안정적이지만 민감한

이터븀 이온 큐비트의 양자 상태를 수학적으로 표현하면 그림 1-8과 같습니다. 단일 큐비트의 일반적인 상태는 두 개의 실수, θ와 φ로 표현할 수 있습니다. 실수 θ는 큐비트의 두 상태인 $|0\rangle$과 $|1\rangle$ 사이의 상대적인 비중을, 실수 φ는 두 상태 사이의 상대적인 위상을 표현합니다. 복잡해 보이지만, 지표면에 있는 물체의 위치를 위도와 경도를 이용해 표현하는 것과 마찬가지입니다. 큐비트가 북극에 있을 때를 $|0\rangle$, 남극에 있을 때를 $|1\rangle$이라고 기준점을 잡으면, 나머지 모든 위치는 이 두 상태의 중첩이 됩니다.

이터븀 이온은 자연 큐비트로서 갖는 장점이 있습니다. 우선 안정적인 초미세 구조에 기반을 두고 있기 때문에, 양자 상태가 자연적으로 붕괴하려면 (수학적으로는, θ의 값이 변하려면) 수천 년

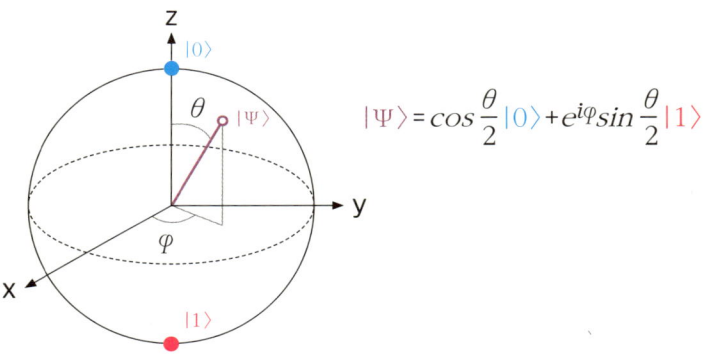

그림 1-8 ▶ 이터븀 이온 큐비트의 양자 상태

의 시간이 걸립니다. 두 상태 사이의 위상 φ는 두 상태 사이의 주파수의 변동에 따라 변하는데, 앞서 원자시계의 원리에서 말했듯이 초미세 구조의 주파수는 변하지 않습니다. 따라서 주변 환경으로부터 고립된 자연 상태에서는 이 큐비트는 완벽에 가깝게 양자 상태를 유지할 수 있죠. 이를 결맞음 시간$^{coherence\ time}$이 매우 길다고 표현하기도 합니다. 또한 큐비트 개수가 늘어날수록 제조 공정상 편차를 제어하기 어려운 인공 큐비트와 달리, 여러 개를 동일하게 만들어낼 수 있습니다. 원재료가 원자번호까지 동일한, 완벽히 같은 물질이니까요. 최대한 많은 큐비트를 활용해야 연산에 유리하기 때문에, 균일한 큐비트를 제조하는 역량은 양자컴퓨터 기술에서 중요합니다.

그렇다고 해서 이터븀 이온 큐비트로 완벽한 양자컴퓨터를 만들 수 있다는 말은 아닙니다. 초미세 구조에 기반한 양자 상태가 안정적이라고는 하지만, 다른 물리적 상호작용이 개입하면 완벽성이 훼손될 수 있습니다. 그러면 오류가 발생할 가능성이 있죠. 큐비트를 제어하고 연산에 활용하려면 어쩔 수 없이 개입할 수밖에 없으니까요. 예컨대 이온트랩 기술에서는 이터븀 이온을 진공 상태에서 포획해서 사용하는데, 진공 배경에 남아 있는 분자들과 이온이 부딪히면 양자 상태가 영향을 받습니다. 다행히 이런 문제는 여러 장치에 의해 보완할 수 있습니다. 한편 결맞음 시간을 최대한 길게 지속하는 기술이 개발되고 있습니다.

양자컴퓨터 상용화: 더 작게, 더 접근하기 쉽게

저는 동료인 듀크대학교 크리스 먼로Chris Monroe 교수와 함께 이온트랩 하드웨어를 오랫동안 연구했고, 이를 상용화할 수 있는 청사진을 만들었습니다. 그렇게 획득한 노하우를 토대로 2015년에 아이온큐IonQ를 공동 창업했습니다. 2017년부터 본격적으로 상용 시스템을 개발하기 시작했고, 양자컴퓨터 전문기업으로서는 최초로 2021년에 뉴욕 증시에 상장하면서 그 가능성을 인정받았죠. 거대했던 장비를 최대한 작게, 또 실용적으로 개선하는 노력을 거듭했습니다(그림 1-9).

초창기 이온트랩 하드웨어는 연구실을 가득 채울 만큼 커서 10미터나 되었습니다. 온갖 광학 장비와 제어 장치가 얽혀서, 상용 컴퓨터와는 거리가 멀었죠. 그래서 복잡한 시스템을 여러 가지 하위 요소로 나누고, 기계적 개입 없이 소프트웨어만으로 각각의 요소를 제어할 수 있게 만들었습니다. 그 결과 크기는 2미터까지 줄었고, 장치를 운영하는 데 일일이 사람의 손을 빌릴 필요도 없어졌습니다. 또한 장소와 시간의 제약 없이 이용할 수 있는 클라우드 서비스도 도입했습니다. 나중에는 광섬유를 활용해 광학 시스템의 부피를 줄이고 진공 장치를 개선하여 전체 시스템을 더 작게, 또 실온에서도 작동하게끔 구현했습니다.

상용화를 앞당기기 위해 하드웨어를 계속 개선하고 있습니다. 특히 미세 공정 기술로 광학 장치를 과감하게 집적하는 연구

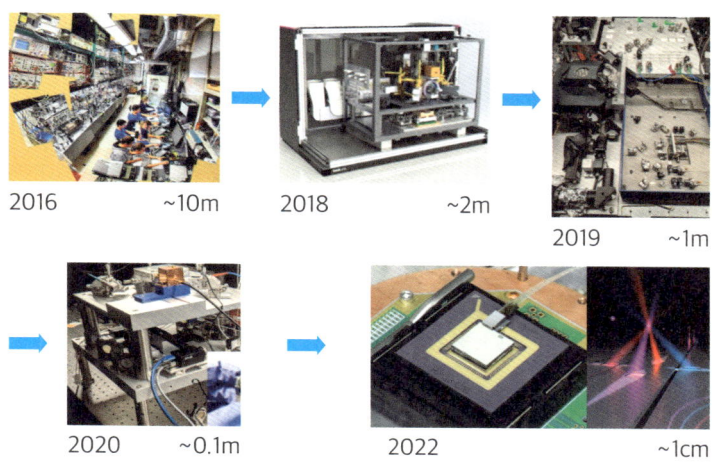

그림 1-9 ▶ 이온트랩 하드웨어의 진화

가 성과를 보이고 있죠. 고전컴퓨터도 거대한 에니악^{ENIAC}에서 출발하여 지금의 첨단 반도체에 이르기까지 진화했듯이, 이온트랩 하드웨어도 미세한 칩에 들어갈 날이 머지않을 것입니다.

이온트랩 작동 원리

그림 1-10은 표준 실리콘 제조 공정을 활용하여 미세 가공한 이온트랩 칩입니다. 나비 넥타이 모양 가운데에 약 0.5센티미터 길이의 좁은 통로가 있는데, 여기에 이터븀 이온들이 포획되어 있습니다. 점 하나가 이온 하나를 의미합니다. 그림 1-10

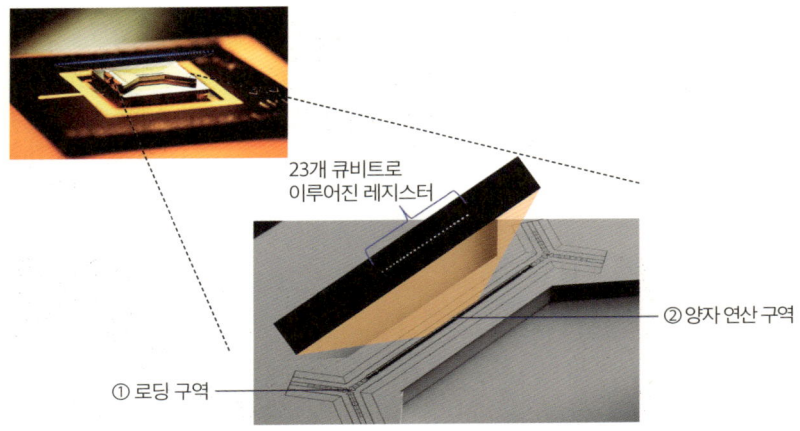

그림 1-10 ▶ 이온트랩 칩

에는 총 80개의 이온이 있습니다. 포획된 이온의 간격은 수 마이크론(μm; 1μm=10⁻⁶m)으로, 80개라고 해도 1밀리미터가 채 안 됩니다. 모든 양자 연산은 이렇게 작은 공간에서 이루어집니다.

    로딩 구역loading zone(그림 1-10 ①)은, 중성원자인 이터븀에서 전자를 떼어내 이온으로 만들어, 그 전하를 이용해서 이온 트랩에 포획하는 역할을 수행합니다. 이곳에서 이터븀 이온을 하나씩 잡아다가 양자 연산 구역quantum computing zone(그림 1-10 ②)으로 이동시켜 전압을 가해 원하는 위치에 배열하면 하나의 연산 단위인 레지스터가 구축됩니다. 그 일련의 과정은 소프트웨어를 통해 아주 쉽게 제어할 수 있습니다. 레지스터를 구성하는 모든 큐비트가 편차 없이 완전히 동일하며, 극저온cryogenic temperature[6]

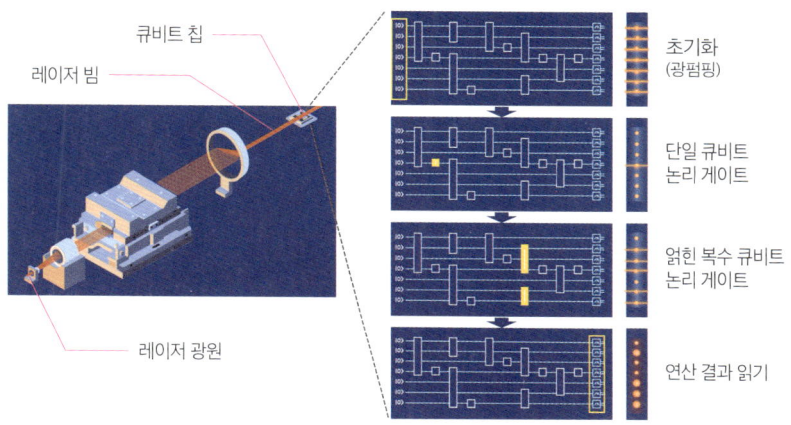

그림 1-11 ▶ 레이저 빔을 활용한 양자연산 제어

이 아닌 상온에서 제어할 수 있다는 것도 장점이죠.

이렇게 만들어진 양자 레지스터가 연산을 수행하도록 매개하는 장치는 레이저입니다. 여러 갈래로 나눈 레이저 빔을 이온에 각각 조사하여 양자 논리 게이트를 구현하는 것이죠(그림 1-11). 먼저 모든 이온에 빔을 쏘아 초기화하는데, 이를 광펌핑optical pumping이라고 합니다. 그다음에는 라만 전이Raman transition를 이용해 레이저 빔을 원하는 큐비트에만 선택적으로 조준합니다. 레지스터 사슬 중 어떤 이온에 레이저를 조사하는지에 따라 단일 큐비트 게이트, 얽힌 복수 큐비트 게이트 등 연산의 종

6 — -150℃ - 절대온도 123K - 이하의 매우 낮은 온도

류가 결정됩니다. 마지막으로 사슬 전체를 공명 형광resonance fluorescence 기술로 읽으면 연산 결과가 나오는데, 레이저를 비췄을 때 광자를 산란시켜 빛이 나는 큐비트는 1, 빛이 나지 않는 큐비트는 0에 해당합니다.

레지스터를 구축할 때와 마찬가지로 모든 연산 과정은 소프트웨어로 관리하는데, 복잡한 소자가 아니라 레이저를 활용하면 제어하기가 쉽습니다. 각각의 빔을 켜고 끄는 간단한 프로그램을 만들면, 오류율이 낮고 충실도fidelity는 높은 논리 게이트를 구현할 수 있습니다.

그런데 서로 떨어져 있는 이온이 어떻게 하나의 회로로 묶일까요? 고전물리학에 따르면, 큐비트 두 개를 동시에 이용하려면 어떻게든 둘 사이를 이어줘야 합니다. 여기서 중요한 개념이 바로 큐비트 간 얽힘과 연결성connectivity입니다. 익숙한 고전 환

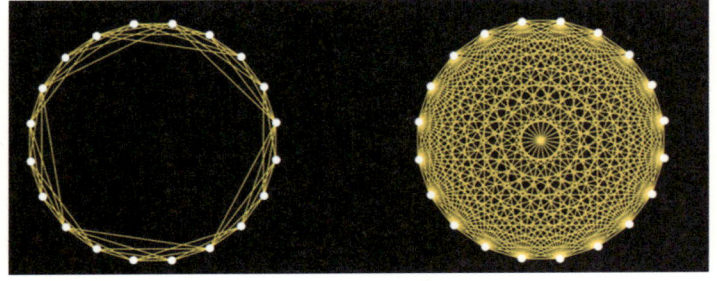

그림 1-12 ▶ 큐비트 연결성

경과 달리, 이온트랩에서 같은 양자 레지스터에 속한 큐비트는 물리적 구조물이 없어도 상호작용할 수 있습니다. 이온이 가지고 있는 전하를 활용해서 이웃한 큐비트뿐 아니라 좀 더 멀리 있는 큐비트끼리도 직접 소통하고, 이 점을 활용해서 양자 얽힘을 구현할 수 있죠. 다시 말해, 큐비트 간 네트워크는 격자^{lattice}가 아니라 다대다$^{all\text{-}to\text{-}all}$ 방식으로 형성됩니다(그림 1-12). 이런 높은 연결성 때문에 알고리듬 구조에 제약받지 않고, 원하는 큐비트를 골라서 연산에 활용할 수 있습니다.

좋은 양자컴퓨터란?

이렇게 만들어진 양자컴퓨터는 무엇을 기준으로 성능을 평가할까요? 성능 지표를 마련하는 것은 양자컴퓨터를 상용화하는 데 중요하므로 개발자로서 많이 고민하는 부분입니다. 1차적인 지표로 총 큐비트 개수, 논리 게이트의 정확도 등 양자컴퓨터를 구성하는 소자 단위로 나누어 평가할 수도 있습니다. 하지만 이런 정보는 사용자가 양자컴퓨터를 가지고 실제로 무슨 일을 할 수 있는지 알려주는 것은 아닙니다. 큐비트의 개수나 개별 소자의 특성이 전체 시스템의 유용성을 대변하지는 못하기 때문입니다.

사실 이런 고민은 고전컴퓨터 분야에서도 있었습니다. 기술이 발전하던 초기에는 트랜지스터가 몇 개인지, 클럭 속도가 얼마인지가 중요한 문제였지만, 핵심은 사용자들이 느끼는 문제 해결 능력입니다. 그래서 고전컴퓨터 업계에서는 사용자들이 필요로 할 만한 기준 알고리듬$^{reference\ algorithm}$을 정해 컴퓨터에 작업을 수행하게 해보고, 그 능력을 시험하는 벤치마크 방식을 활용합니다. 사용자 입장에서 개별 소자가 아니라 시스템 전체가 관심 있는 문제를 얼마나 효율적으로 해결하는지 알아보는, 가장 현실적이고 유용한 척도입니다.

저는 양자컴퓨터를 개발할 때도 문제 해결 능력이 중심이 되어야 한다고 생각합니다. 기존의 컴퓨터로 풀지 못했던 문제를 양자컴퓨터로 풀어보고, 실용성을 고려하여 양자컴퓨터의 성능을 끌어올리는 방법을 체계적으로 고민할 필요가 있습니다. 상용화 시장에서 양자컴퓨터가 확장될 가능성은 사용자가 느끼는 활용 가치에 달려 있기 때문입니다. 다행히 QED-C[7] 같은 산업 연합체가 주도하여, 실사용 사례를 기반으로 양자컴퓨터의 성능을 측정하는 기준을 마련하려 노력하고 있습니다.

---

7 — Quantum Economic Development Consortium, 미국양자경제개발컨소시엄

양자 기계학습: 양자컴퓨터로 AI 문제를 풀다

지금의 양자컴퓨터는 연산 규모가 작아서 아주 복잡한 문제는 풀 수 없지만, 최근 5~6년 새 괄목할 만큼 성장했습니다. 좋은 아이디어를 가진 인재들이 양자 하드웨어와 알고리듬을 개발한 덕분이죠. 특히 고전컴퓨터의 영역이었던 인공지능 문제를 양자컴퓨터로 해결할 수 있다는 사실이 밝혀지면서 양자컴퓨터의 실용성에 대한 기대가 높아지고 있습니다. 이와 관련된 연구를 몇 가지 소개해보겠습니다.

첫 번째는 분류classification 문제입니다. 인간에게는 쉬운 일이지만 기계에는 까다로운 과제가 분류입니다. 예를 들면, 사진 속의 대상이 개인지 고양이인지 구분하거나, 다양한 필체의 손글씨를 인식하는 것이죠. 우리가 경험을 통해 노하우를 쌓듯, 컴퓨터도 분류 문제를 해결하려면 많은 학습이 필요합니다. 고전적으로는 지도학습supervised learning이라는 기계학습machine learning 모델이 유용한데, '지도'란 감독관이 학습 과정에 관여하여 도움을 준다는 뜻입니다. 개인지 고양이인지 명확히 표지된labeled 데이터로 기계를 학습시킨 후, 무작위로 사진을 제시해 구분하게 합니다. 이런 형태의 학습은 음성이나 이미지 인식에 널리 활용되고 있습니다.

손글씨 인식에 쓰이는 대표적인 고전 알고리듬으로는 최근접 중심 분류기nearest centroid classifier, NCC가 있습니다(그림 1-13). 표

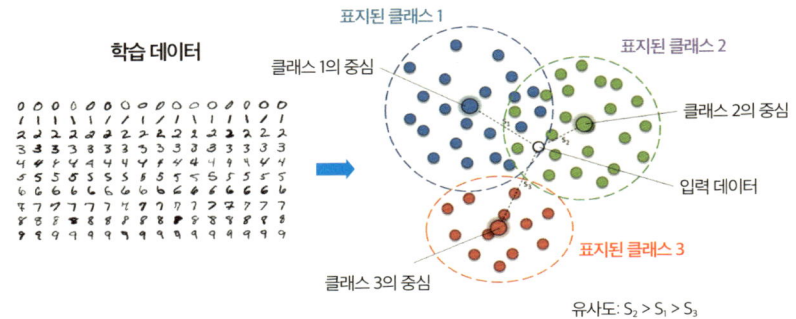

그림 1-13 ▶ **최근접 거리 분류기** Nearest Centroid Classifier

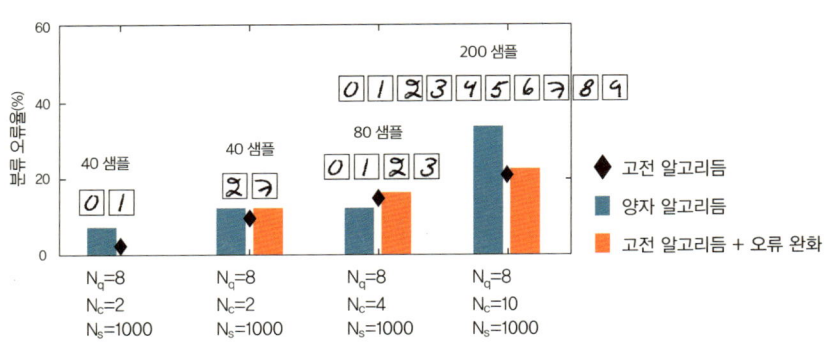

그림 1-14 ▶ **손글씨 분류: 고전 알고리듬 vs. 양자 알고리듬**

지된 학습 데이터에서 각 클래스별 중심^{centroid}을 찾아 학습한 후, 입력된 데이터와 각 클래스 중심 사이의 거리를 측정해 가장 가까운 클래스로 입력 값을 분류하는 원리입니다. 이러한 고전적 분류 모델을 양자컴퓨터용으로 만들어 0부터 9까지의 손글씨를 구분하도록 한 실험은 성공적이었습니다. 그림 1-14는 8큐비트 이온트랩 컴퓨터가 MNIST 데이터베이스[8] 숫자를 분류한 결과를 고전 최근접 중심 분류 알고리듬 결과와 비교한 표입니다. 첫 번째는 숫자 0과 1을, 두 번째는 숫자 2와 7을 분류하는 작업의 오류율입니다. 양자와 고전 알고리듬은 모두 0과 1은 거의 완벽하게 구별하지만, 비슷하게 생긴 2와 7은 구분하기 어려워합니다. 세 번째와 네 번째는 네 가지와 열 가지 클래스를 구분한 작업의 결과입니다. 전반적으로 양자 알고리듬은 고전 알고리듬과 비슷한 정확도로 손글씨 숫자를 분류해냈으며, 오류 완화 기술로 양자 알고리듬의 정확도는 높아졌습니다.

그렇다면 숫자보다 더 복잡한 대상도 양자컴퓨터가 잘 분류할 수 있을까요? 기왕이면 고전적 AI 기술로 아직 해결하지 못한 현실 문제에 양자컴퓨터를 활용할 수 있다면 좋겠죠. 예를 들어, 자율주행차의 교통표지판 인식 기술은 안전과 직결된 문제인데, 날씨와 빛의 세기 등 다양한 외부 변수 때문에 완벽하게 구현하기가 어렵습니다. 최근 아이온큐와 현대자동차가 공동 연구한 결과를 보면, 양자컴퓨터가 이 분야에 기여할 것으로 보입니다. 그림 1-15는 GTSRB[9] 표지판을 양자컴퓨터가 구별할 수 있는지 확인해본 결과입니다. 두 개에서 10개로 분류 항목

---

8 — Modified National Institute of Standards and Technology database. 이미지 처리용 AI 연구를 위해 개발된 손글씨 숫자 데이터베이스
9 — German Traffic Sign Recognition Benchmark, 독일 교통표지판 인식 벤치마크

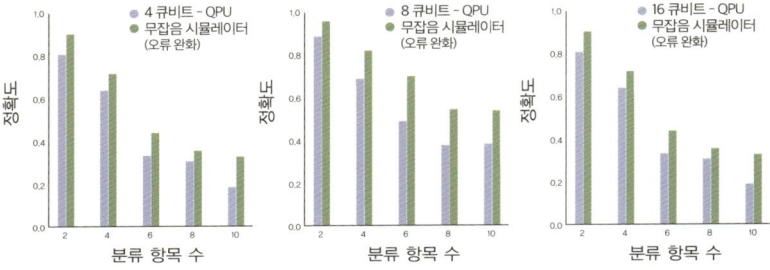

그림 1-15 ▶ **교통표지판 인식**

이 늘어날수록 연산의 부하가 늘고 정확도도 떨어지지만, 큐비트 수를 늘리고 오류 완화 기술을 적용하면 정확도가 상당히 높아지는 것을 확인할 수 있습니다.

기계를 속이는 기계

응용 사례를 한 가지 더 살펴보겠습니다. 금융시장에서 주가를 예측하는 것은 굉장히 어려운 과제입니다. 고전적 기계학

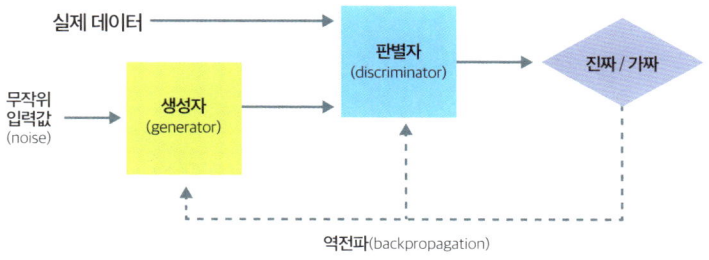

그림 1-16 ▶ 생성적 적대 신경망(GAN)

습 모델이 진화를 거듭하고 있지만, 현실 세계의 불확실성과 다양한 변수를 반영하기에는 부족하죠. 고전적으로는 생성적 적대 신경망generative adversarial network, GAN을 이용하기도 합니다. GAN은 딥러닝deep learning의 일종으로, 생성generative 모델과 판별discriminative 모델이 적대적으로 경쟁하면서 서로의 성능을 끌어올리는 알고리듬입니다(그림 1-16). 생성 모델이 실제와 유사한 확률분포를 만들면 판별 모델은 이것이 진짜인지, 아니면 생성 모델이 만들어낸 가짜인지 가려냅니다. 이 과정을 반복하면 생성 모델이 판별 모델을 속일 만큼 진짜 같은 확률분포를 만들어낼 수 있습니다. 주가 예측 말고도 이미지 합성 등에도 쓰이는데, 딥페이크 등 바람직하지 않게 쓰이기도 합니다.

그림 1-17은 애플Apple과 마이크로소프트Microsoft의 주가 간 상관관계를 예측하는 모델을 여러 방법으로 만들어본 결과입니다. 같은 기술 종목에 속하는 두 기업의 주가가 어떻게 연동하는지는 투자자에게 매우 중요한 정보죠. 시장 분위기에 따라 같이

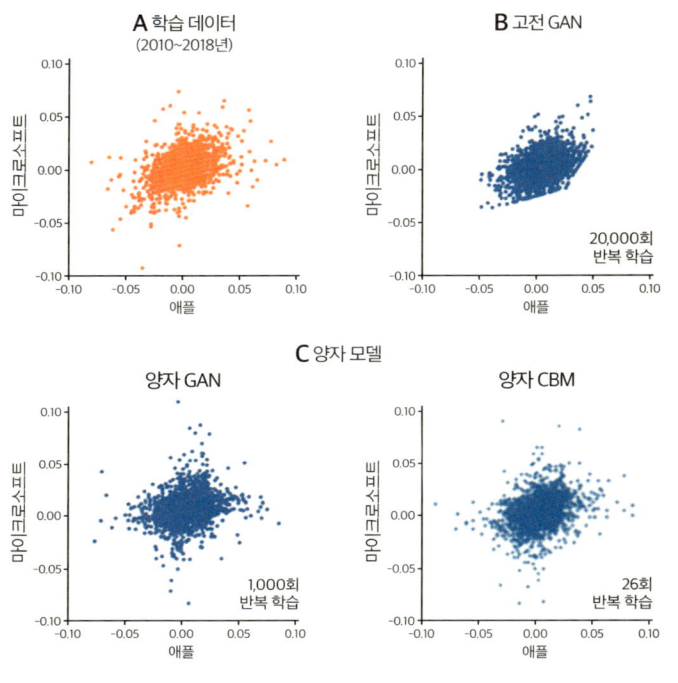

그림 1-17 ▶ 주가 예측 모델

움직이기도 하지만, 두 기업은 경쟁 관계에 있기 때문에 한 기업의 주가가 오르면 다른 한쪽이 내려가기도 합니다. 이런 추이를 예측하려면 확률분포를 그려봐야 하는데, 우선 2010~2018년의 일별 수익을 바탕으로 실제 확률분포를 표시한 것이 그림 1-17A입니다. 이를 바탕으로 고전 GAN을 이용한 결과가 그림 1-17B이고, 양자 모델을 이용한 결과가 그림 1-17C입니다.

고전 GAN이 만든 확률분포는 경계가 뚜렷하고 그 바깥으로는 데이터가 없는 등(그림 1-17B), 가장자리에 있어서 확률은 낮지만 전체 모델에서 중요한 분포를 배제해서 현실성이 떨어진다는 단점이 있습니다. 이에 반해 양자 모델은 경곗값을 잘 반영하여 실제 데이터에 유사한 분포를 만들었습니다(그림 1-17C). 더욱 놀라운 점은 고전 GAN에서 확률분포를 생성하려면 약 2만 번은 학습해야 하는데, 양자 모델에서는 학습 횟수를 20~1,000배 줄일 수 있다는 것입니다. 이 차이를 만드는 것은 양자 얽힘입니다. 양자 모델은 얽힘을 전제로 하므로, 이렇게 서로 상관관계가 있는 데이터를 학습하는 과정이 고전 모델에 비해 매우 효율적입니다. 상관관계가 많은 데이터를 학습하려면 고전적으로는 매개변수parameter가 매우 많은 모델을 써야 해서 학습하는 과정이 지난하지만, 양자 얽힘으로 상관관계들을 이미 내포하고 있는 양자 모델을 만들면 매개변수가 많이 줄어들어서 학습의 속도를 높일 수 있습니다. 대상을 확대해서 15~20개 종목 간의 상관관계를 분석하면 훨씬 복잡한 문제가 될 텐데, 문제가 어려워질수록 얽힘 현상을 활용한 양자 모델이 고전 모델보다 효과적일 수 있습니다.

　이미 고전컴퓨터를 기반으로 한 기계학습이 어느 정도 이상의 성능을 보이고 있는데 굳이 양자컴퓨터로 같은 분야에 도전할 필요가 있는지 의문을 갖는 사람도 있을 겁니다. 고전컴퓨터를 능가할 만한 양자 기계학습 모델이 아직 없기도 하니까요. 하지만 고전적 접근으로는 해결할 수 없는 양자컴퓨터만의 장점이 분명 있습니다. 바로 학습 모델을 구축할 때 필요한 매개변수를 획기적으로 줄일 수 있다는 점입니다. 양자컴퓨터의 초능력인 얽힘과 중첩을 활용하면, 적은 수의 매개변수를 이용해서 고전적인 모델로는 구현하기 어려운, 매우 복잡한 구조의 양자 모델을 쉽게 만들 수 있습니다. 우리가 이해하고자 하는 기계학습의 데이터 구조를 양자 모델을 활용해 알아낼 수 있다면, 고전적인 기계학습보다 효율적일 것입니다. 실제로 이런 장점을 이해하고 활용하는 연구가 활발히 진행되고 있습니다.

수천 개의 큐비트를 향해

앞에서 소개한 사례는 모두 10개 남짓한 큐비트를 가진 이온트랩 하드웨어를 활용한 것입니다. 연산에 개입하는 큐비트의 개수가 증가할수록 더 복잡한 문제를 해결할 수 있겠죠. 현재 더 많은 큐비트를 지닌 양자컴퓨터를 구현하기 위해 다양한 방법이 시도되고 있습니다.

우선 제어용 레이저 빔의 수는 유지한 채 이온 사슬을 앞뒤로 움직이기만 해도 더 많은 큐비트를 처리할 수 있습니다(그림 1-18A). 또한 레지스터를 이루는 이온 중 일부를 2차원의 칩 공간에서 옮겨 다니게 하면 다른 레지스터에 얽힘을 전파할 수 있습니다(그림 1-18B). 나아가 여러 개의 레지스터를 광섬유로 교차

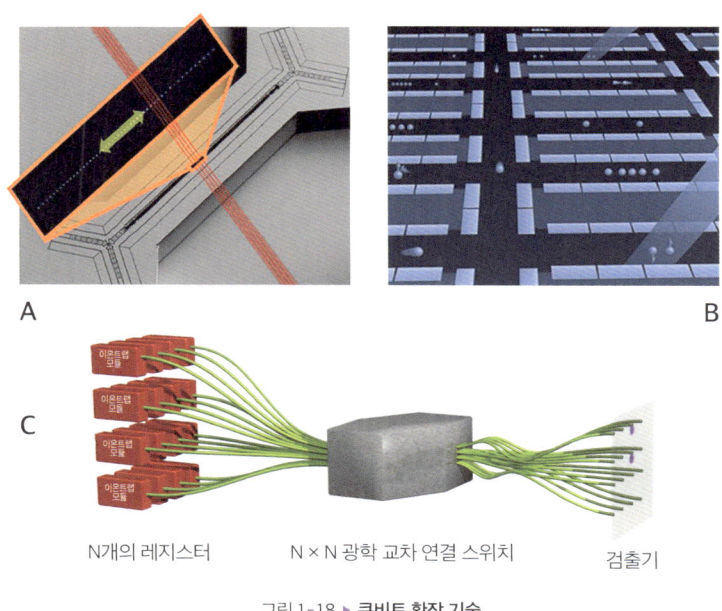

그림 1-18 ▶ **큐비트 확장 기술**

하여 연결하면 이론상으로는 어떤 조합이든 원하는 레지스터끼리 얽히게 할 수 있습니다(그림 1-18C). 데이터센터에서 수만 대의 컴퓨터를 연결하여 병렬 처리 속도를 높이듯이, 모듈형 양자컴퓨터를 만드는 것이 가능합니다.

양자컴퓨터가 가져올 파괴적 혁신

20년 전, 제가 박사학위를 마치고 벨 연구소에서 일을 시작했을 무렵이 떠오릅니다. 인터넷이라는 기술이 등장한 지 얼마 되지 않은 때라, 지금은 공룡기업인 아마존^{Amazon}과 구글^{Google}도 미약한 스타트업이었죠. 그런데 불과 수년 만에 관련 산업이 놀라운 속도로 성장해서 일상으로 파고들었습니다. 아마존은 유통업계에서 전통적인 강자 월마트^{Walmart}를 위협하고, 검색 엔진으로 시작한 구글은 광고 시장을 장악했습니다. 넷플릭스^{Netflix}는 원래 DVD를 소포로 배달해주는 업체였는데, 인터넷 속도가 빨라지면서 소포 대신 실시간 다운로드 서비스를 제공하는 전략으로 전환해 성공을 거두었죠. 이렇게 기술 환경 변화에 맞추어 파괴적 혁신$^{disruptive\ innovation}$을 주도한 기업이 오늘날 세계 경제의 중심이 됐습니다.

사람들은 새로운 기술이 등장하면 처음에 호기심을 보이다가 발전 속도가 기대에 못 미친다고 실망하곤 합니다. 어떤 기술이든 초기에는 눈에 띄는 성과를 내기가 힘들죠. 하지만 시간이 지나면 기술의 발전 속도는 사람들의 기대치보다 훨씬 빨라지고, 어느 시점을 지나면 미흡했던 부분이 개선되면서 사용자가 증가하고 그 기술에 대한 의존도가 높아지죠.

현재 양자컴퓨터도 사람들이 기대하는 정도에 비해 가시적인 성과가 보이지 않는 단계입니다. 하지만 유용성을 증명하는 연구 결과가 꾸준히 나오고 있습니다. 앞서 살펴본 기계학습 외에도 신소재 개발, 최적화, 금융, 물류, 제약, 제조, 에너지, 기후변화 등 양자컴퓨터가 힘을 발휘할 수 있는 분야는 너무도 다양합니다. 초기 수준의 상용화도 이미 이루어지고 있죠. IBM, 아마존, 마이크로소프트 같은 거대 IT기업이 클라우드 기반의 NISQ[10] 서비스를 출시했고, 많은 사람들이 이용하고 있습니다.

양자컴퓨터도 인터넷과 마찬가지로 세상을 바꾸고 막대한 상업적 가치를 창출할 잠재력이 있습니다. 앞으로 지속적인 투자가 이뤄지는 동시에 창의적인 인재를 영입하는 데 힘써서 양자컴퓨터 연구가 더 활발해지길 바랍니다.

---

10 — noisy intermediate-scale quantum. 양자컴퓨터 발전 단계에서, 오류 보정이 완벽하지는 않지만 어느 정도 오류를 감안하더라도 믿을 만한 성능을 보이는 상태를 의미함.

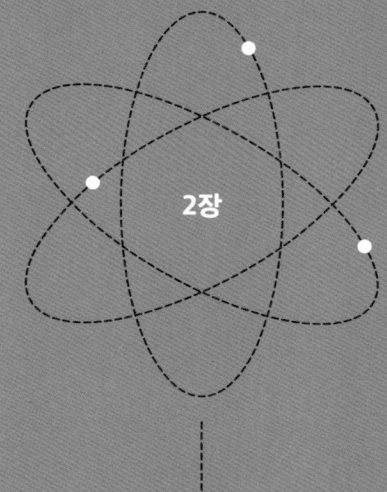

2장

양자컴퓨터로 구현하는 차세대 통신 네트워크

• 김정상 •

김정상

듀크대학교 전기컴퓨터공학과·물리학과 교수
아이온큐 IonQ 공동 창립자
미국 국립발명학술원 NAI 펠로우
최종현학술원 과학기술혁신위원회 위원

前 벨 연구소 Bell Labs 연구원

소통하고 싶은 의지, 정보통신의 역사를 쓰다

지난 20~30년간 정보통신 기술은 눈부시게 발전했습니다. 인터넷의 확산과 보급 덕분에 가능했던 일입니다. 오늘날 각종 모바일 기기와 개인용 컴퓨터를 통해 방대한 네트워크를 십분 활용하고 있죠. 그런데 다가올 미래의 통신 네트워크는 어떤 모습일까요? 더 안전하고 빠른 인터넷이 등장할까요? 양자 기술은 인터넷의 미래를 어떻게 바꿔놓을까요?

이 장에서는 양자 정보과학quantum information science의 핵심 개념인 양자 얽힘quantum entanglement과 양자 원격전송quantum teleportation에 대해 알아보고, 이들을 활용해 양자 통신 네트워크를 어떻게 구축할 수 있는지 과학적 배경을 소개하겠습니다. 과거부터 현재까지 통신 기술 발전과 상용화 과정에서 혁신을 이끈 사례를 살펴보고, 양자컴퓨터가 널리 보급될 미래에는 정보통신망이 어떤 모습일지 전망해보겠습니다.

통신communication의 본질은 한쪽 끝에서 다른 쪽 끝으로 정보를 전달하는 것입니다. 인간은 먼 옛날부터 떨어져 있는 사람과 소통하길 원했습니다. 언어는 훌륭한 통신 수단으로서 진화를 거듭해왔고, 전기와 인터넷이 없던 시절에는 소리나 깃발, 연기, 불 등을 원거리 통신에 활용했죠. 하지만 이런 수단은 전송 과정에서 불가피하게 신호가 왜곡되며, 거리가 멀어질수록 통신 난도가 높아진다는 문제점이 있습니다. 그래서 새로운 기술을 통해

그림 2-1 ▶ **봉화를 이용한 원거리 통신**

더 효율적이고 편리한 통신 체계를 구축하려 노력해왔습니다.

정교하게 구축한 통신 체계가 얼마나 큰 힘을 발휘하는지는 영화 〈반지의 제왕〉에서도 잘 드러납니다. 위기에 처한 곤도르 왕국은 봉화를 피워 올려서 동맹국 로한에 도움을 요청합니다(그림 2-1). 봉화대에 배치되어 있던 인력은 신호를 확인하자마자 새로운 봉화를 피워 다음 봉화대로 신호를 전달합니다. 이를 반복하면 아주 멀리 떨어져 있어도 두 나라가 빠르게 연락할 수 있죠. 사람이 직접 움직인다면 탈것이 무엇이든 이보다는 분명 느릴 겁니다.

그림 2-2는 통신 기술 발달의 역사를 보여줍니다. 19세기에 세계 최초의 상용 전화기가 등장하면서 통신 체계에 새로운 장이 열립니다. 1892년 뉴욕과 시카고를 잇는 전화선이 개통했는데, 이 정도 거리가 초창기 전화 기술이 감당할 수 있는 최대였습니다. 1907년에는 음성 신호를 증폭할 수 있는 3극 진공

관이 발명되면서 장거리 통신을 위한 기술적 기반이 마련됐죠. 1915년 뉴욕과 샌프란시스코를 잇는 대륙 횡단 전화망이 개통하면서 장거리 통신이 현실화되고, 본격적으로 미국 전역에 전화망이 퍼집니다.

　　1950년대에 들어 대부분의 미국 가정에 전화기가 보급됐는데, 이때는 교환원이 수동으로 회선을 연결해주었습니다. 1980년대 이후에는 디지털 칩셋chipset의 발달로 교환원 대신 완전 자동화 방식이 도입되었습니다. 인류가 최초의 전화 통화에 성공한 지 100년 만에, 수화기만 들면 어디든 연결되는 세상이 온 것이죠. 이때까지만 해도 통신의 양끝에는 정보를 주고받는

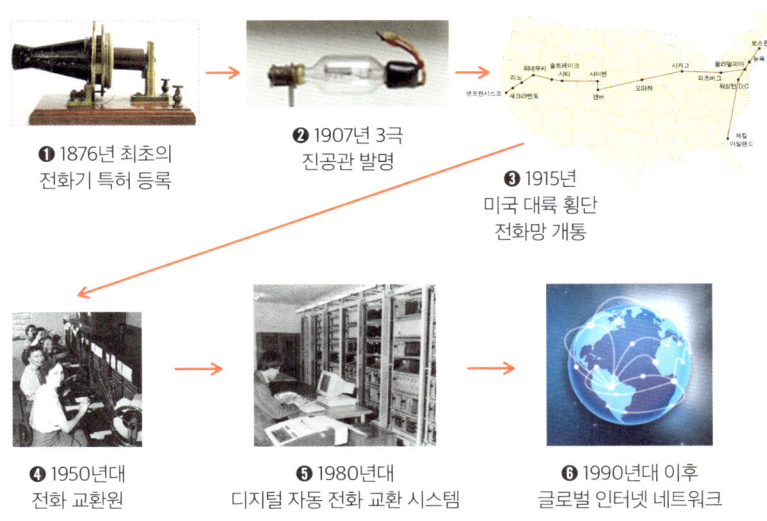

❶ 1876년 최초의 전화기 특허 등록
❷ 1907년 3극 진공관 발명
❸ 1915년 미국 대륙 횡단 전화망 개통
❹ 1950년대 전화 교환원
❺ 1980년대 디지털 자동 전화 교환 시스템
❻ 1990년대 이후 글로벌 인터넷 네트워크

그림 2-2 ▶ **통신 기술의 발달**

사람이 있었고, 음성 신호가 정보 전달의 지배적인 수단이었습니다.

1990년대에 들어서자, 다시 극적인 변화가 일어납니다. 정보 교환 수단으로 디지털 컴퓨터가 등장한 겁니다. 이제 사람끼리 대화를 나누는 대신, 컴퓨터 간 통신으로 더 많은 정보를 전달할 수 있게 되었습니다. 기술이 나날이 발전한 결과, 오늘날 전 세계에서 인터넷을 통해 오가는 대부분의 정보는 그야말로 기계끼리의 대화입니다. 통신의 종단점에 있는 주체가 사람에서 기계로 바뀌면서, 통신 기술도 이에 맞게 효율성을 극대화하는 방향으로 진화하고 있습니다.

양자컴퓨터, 양자 인터넷 시대를 불러올까?

어느새 우리 생활의 일부가 된 인터넷의 기원은 1960년대 초반까지 거슬러 올라갑니다. MIT의 J. C. R. 리클라이더^{J. C. R. Licklider} 교수가 '은하 간 네트워크^{Intergalactic Network}'라는 개념을 내놓았습니다. 수많은 컴퓨터를 연결해 정보를 공유하고 소통하게 하면 일 처리가 훨씬 빨라질 것이라는 발상이었죠. 당시에는 디지털 컴퓨터가 막 개발되었을 때라 보급률이 매우 낮았습니다. 하지만 컴퓨터가 서로 연결되어 정보를 주고받을 수 있다는 인식이 자리 잡자, 컴퓨터 과학자들은 회선 교환^{circuit switching}으로 전용 회선을 확보한 후 실시간으로 이루어지는 음성 통신이 아닌, '패킷 교환packet switching'이란 개념을 만들어냈습니다. 비유하자면 편지를 써서 봉투packet에 넣고 주소를 적은 다음 배송 체계를 통해 상대방에게 전달하는 방식입니다. 정보를 디지털 봉투에 담아 통신 네트워크를 이용해 원하는 곳으로 보내는 것이죠.

여기서 흥미로운 질문을 하나 해볼까요? 오늘날 양자컴퓨터는 1960년대의 디지털 컴퓨터처럼 유용하고 실용적으로 빠르게 변모하고 있습니다. 디지털 컴퓨터가 보급되면서 디지털 인터넷이 함께 발전한 것처럼, 양자컴퓨터가 보급되면 양자 인터넷도 등장할까요? 양자 네트워크는 어떻게 구축되고, 디지털 네트워크에 비해 이점은 무엇일까요? 양자공학자인 저는 수십 년째 이런 질문을 던지고 답을 고민하고 있습니다.

큐비트 사이에는 뭔가 특별한 것이 있다

양자 통신을 가능하게 하는 과학적 원리는 양자 얽힘과 양자 원격전송입니다. 양자 정보의 단위인 큐비트qubit 사이에는 고전물리학으로 설명 불가능한 상관관계가 존재할 수 있습니다. 예를 들어, 동전 두 개를 던지면 각각 앞면이 나올지, 뒷면이 나올지 알 수 없습니다. 하지만 양자 세계에서는 항상 같은 면이 나오도록 두 동전 사이에 내재된 상관관계, 즉 얽힘을 만들 수 있죠. 두 동전이 아무리 멀리 떨어져 있어도 서로 얽혀 있다면, 한쪽 상태가 결정되는 순간 다른 쪽 상태가 자동으로 결정됩니다.

20세기 초 처음 양자 이론이 정립되었을 때 아인슈타인 Albert Einstein 조차 이런 상관관계를 받아들이지 못했습니다. 그래서 양자 얽힘을 "유령 같은 원격 작용"이라고 불렀죠. 그런데 알랭 아스페 Alain Aspect, 존 클라우저 John Clauser, 안톤 차일링거 Anton Zeilinger 등이 20세기 후반에 양자 얽힘이 실제로 존재한다는 사실을 벨 부등식 Bell's inequality 실험을 통해 밝혀냈습니다. 이 세 명의 과학자는 양자역학의 난제 중 하나였던 양자 얽힘의 존재를 증명하고, 양자 원격전송의 구체적인 프로토콜 protocol[1]을 제시한 공로로 2022년 노벨물리학상을 수상했습니다.

앨리스와 밥의 큐비트 원격전송 서비스

양자 원격전송이란 무엇일까요? 찰스 베넷 Charles H. Bennett 은 1993년 양자 얽힘을 이용해 양자 정보를 다른 장소로 보낼 수 있다는 것을 밝혔습니다. 가상 인물 앨리스 Alice 와 밥 Bob, 찰리 Charlie 를 통해 양자 원격전송의 프로토콜을 살펴보겠습니다.[2]

앨리스와 밥은 서울과 부산에 떨어져 있고, 큐비트를 하나씩 갖고 있습니다. 서로의 큐비트는 얽혀 있죠. 그들은 서울에서 부산까지 큐비트를 전달하는 사업을 하는 중입니다. 찰리라는

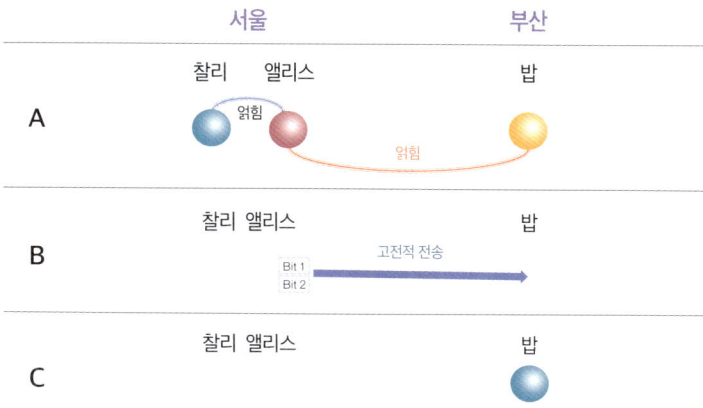

그림 2-3 ▶ 양자 원격전송을 통한 큐비트 보안 전송

고객이 큐비트 하나를 들고 앨리스를 찾아옵니다. 찰리는 자신의 큐비트 상태를 알고 있지만, 이를 아무에게도 알리지 않고 부산에 보내고 싶습니다. 의뢰를 받은 앨리스는 간단한 양자 연산을 통해 찰리와 자신의 큐비트를 얽습니다(그림 2-3A). 이렇게 해도 앨리스는 찰리의 큐비트 상태를 알 수 없습니다.

그다음 앨리스는 두 큐비트에 대해 벨 측정Bell state measurement[3]을 합니다. '불확정성의 원리Uncertainty Principle'가 적용되는 양

---

1 — 통신 분야에서 정보를 교환하는 형식이나 방법 등을 표준화한 것
2 — 1978년 R. L. Rivest, A. Shamir, L. Adleman가 발표한 논문 "A method for obtaining digital signatures and public-key cryptosystems"에서 발신자를 앨리스, 수신자를 밥으로 칭한 것이 계기가 되어, 암호학과 정보통신 분야에서 프로토콜을 설명할 때 앨리스와 밥이 관습적으로 등장한다. 앨리스와 밥 외에 제3의 인물에는 찰리Charlie처럼 알파벳 C로 시작하거나, 역할을 암시하는 이름을 붙인다. 예를 들면, 도청자는 이브Eve, eavesdropper라고 한다.
3 — 양자 특성이 중첩된 여러 상태 중 어떤 상태에 속하는지 알아내는 측정 방법.

자 세계에서는 두 큐비트의 상보적인 물리량을 동시에 정확하게 측정할 수 없습니다. 측정하는 동시에 파동함수로 표현할 수 있는 여러 상태의 중첩이 붕괴되어 어느 한쪽으로 결정되기 때문입니다. 그래서 벨 측정을 하면 양자 특성이 사라집니다. 이렇게 앨리스와 찰리의 큐비트 사이에 존재하던 얽힘이 사라지고, 앨리스에게는 자신과 찰리의 큐비트 정보가 담긴 고전 비트 두 개만 남습니다. 그 여파로 앨리스와 밥이 가진 큐비트 사이의 얽힘 역시 사라집니다.

　이제 앨리스는 자신에게 남은 고전 비트 두 개를 전화나 이메일 같은 고전적인 경로로 밥에게 보냅니다(그림 2-3B). 고전 비트에 담긴 상태 정보는 밥의 큐비트와 얽힌 상태로 벨 측정을 받은 후 양자 중첩이 붕괴되어 결정된 값이기 때문에, 밥의 큐비트가 가진 상태 정보와 상관관계가 있습니다. 또한 밥은 찰리가 원래 갖고 있던 큐비트의 양자 중첩 상태를 재현할 수 있는 지침도 지니고 있죠. 밥은 이 지침에 따라 고전 비트 두 개를 이용해 찰리가 갖고 있던 큐비트를 재현해냅니다(그림 2-3C). 이렇게 서울에 있던 찰리의 큐비트가 부산에 나타납니다. 이렇듯, 완전히 비공개 상태의 정보도 원격전송이 가능합니다. 이런 현상은 우리에게 익숙한 고전물리학으로는 설명이 불가하지만, 양자역학의 세계에서는 가능합니다. 얽힘을 통한 원격전송, 양자역학의 초능력 같은 것이죠.

　그런데 찰리가 앨리스에게 맡길 큐비트를 아무도 몰래 다른 큐비트와 얽힘 상태로 만들어두었다면 어떻게 될까요(그림 2-4A)? 양자 원격전송은 큐비트의 얽힘 상태까지도 정확하게 전달합니다(그림 2-4B). 부산으로 원격전송한 찰리의 큐비트는 서울에 남아 있는 찰리의 또 다른 큐비트와 여전히 얽혀 있습니다. 얽혀 있는 두 개의 큐비트 중 하나를 서울에 두고, 다른 하나는 직접 부산으로 수송했을 경우에 얽힘 상태가 유지되는 것과 똑같은 결과입니다.

이렇게 양자 원격전송을 통해 얽힘 상태를 한 곳에서 다른 곳으로 전달하는 것을 양자 얽힘 교환quantum entanglement swapping이라고 합니다. 큐비트를 전달하는 원리 그대로 얽힘 상태까지 멀리 전송할 수 있다는 것은 양자 정보통신 기술이 가진 굉장한 장점입니다.

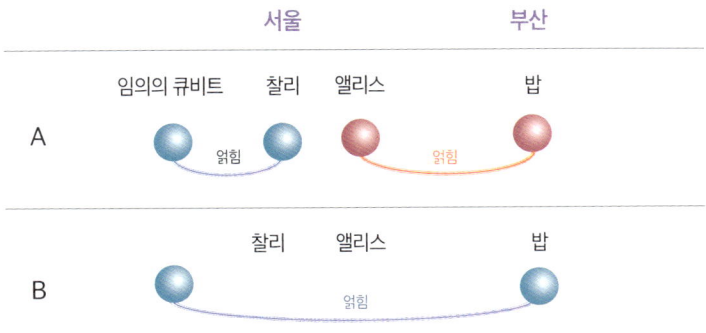

그림 2-4 ▶ **양자 얽힘 교환을 통한 큐비트 얽힘 전송**

큐비트 두 개를 얽는 광학 기술

 이론은 간단해 보일지 몰라도, 실제로 양자 통신 시스템을 구현하는 과정은 매우 까다롭습니다. 그럼에도 지난 30년간 다양한 연구가 이뤄지며 많은 진전이 있었습니다. 양자 통신을 구현하기 위한 첫 번째 과제는 멀리 떨어져 있는 큐비트 사이에 얽힘을 만드는 것입니다. 그림 2-4에서 앨리스와 밥이 통신 노드 node 역할을 할 수 있었던 것은 얽혀 있는 큐비트 한 쌍을 나누어 가진 덕분이었죠. 그렇다면 두 사람은 애초에 서로의 큐비트를 어떻게 얽히게 했을까요? 그림 2-5를 통해 알아보겠습니다.

 A와 B라는 장소에 각각 단일 원자로 이루어진 양자 메모리가 있다고 가정합시다. 각각의 양자 메모리는 $|0\rangle$ 또는 $|1\rangle$이라는 원자의 두 가지 바닥 상태 ground state 를 큐비트 정보로 가질 수 있죠. 이제 A에 있는 원자를 들뜬 상태 excited state 로 만들어 C라는 광자를 방출하게 하면서 바닥 상태로 떨어지게 할 겁니다. 들뜬 상태에서 바닥 상태로 떨어지는 방법은 두 가지인데, 경우에 따라 다른 특성을 가진 광자가 방출됩니다. 예를 들면, 들뜬 상태에서 바닥 상태 $|0\rangle$으로 떨어지면 우편광된 right-polarized 광자가, 바닥 상태 $|1\rangle$로 떨어지면 좌편광된 left-polarized 광자가 나오는 식입니다. $|0\rangle$과 $|1\rangle$이 중첩된 원자 메모리의 상태가 광자의 편광 상태와 얽혀 있는 것이죠. 이렇게 첫 번째 얽힘 쌍이 메모리 A와 광자 C 사이에 생깁니다. 반대쪽에서도 같은 방법으로 양자

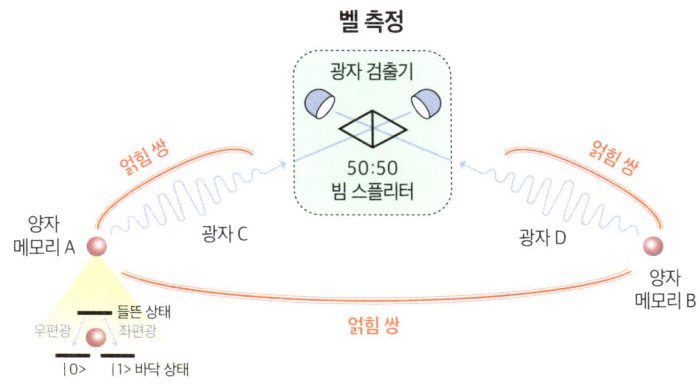

그림 2-5 ▶ 양자 메모리 두 개로 이루어진 통신 네트워크

메모리 B가 광자 D를 방출하게 하면 또 다른 얽힘 쌍이 형성됩니다.

동시에 방출된 광자 C와 D는 광섬유를 따라 전파되다가 50:50 빔 스플리터beamsplitter[4]에서 만나 서로 간섭을 일으키고, 그 결과가 광자 검출기photon detector에 나타납니다. 이 과정에서 벨 측정에 성공한다면, 양자 얽힘 교환을 통해 양자 메모리 A와 B 사이에 새로운 얽힘 쌍을 만들 수 있습니다. 물리적으로 멀리 떨어져 있는 메모리 두 개가 직접적인 상호작용 없이 광자만 방출했을 뿐인데 서로 얽히는 놀라운 일이 벌어지는 것이죠.

---

4 ― 광선을 두 개 이상으로 분리하거나 두 개 이상의 광선을 하나로 결합하는 데 사용하는 반투명 거울로 만들어진 광학 장치. 50:50은 광선 반사율이 50%, 투과율이 50%라는 뜻이다.

양자 광학 원리에 따르면 빔 스플리터를 이용한 벨 측정 성공률은 50%를 넘을 수 없는데, 양쪽 검출기에서 동시에 광자가 감지될 경우에만 벨 측정에 성공했다고 해석합니다. 양쪽 검출기가 동시에 반응했다는 것 자체가 양자 얽힘 교환을 성공적으로 구현했다는 증거입니다. 부수적인 장치를 통해 벨 측정 성공률을 높이기 위한 기술이 활발히 연구되고 있으며, 이온뿐 아니라 중성원자, 다이아몬드 질소 – 공동nitrogen vacancy, NV 센터, 양자점quantum dot 등 다양한 소재가 같은 원리로 양자 메모리 역할을 할 수 있다는 사실이 밝혀졌습니다.

양자 메모리 A와 B 사이에 얽힘 쌍이 형성되면, 통신 노드 두 개짜리 양자 네트워크가 구축된 것입니다. 그림 2-4에서 앨리스와 밥이 얽힘 쌍을 만들고 고객을 기다리는 상황과 같죠. 이제 A와 B 사이에 존재하는 얽힘을 이용하여 새로운 큐비트를 A에서 B로, 혹은 B에서 A로 원격전송할 수 있습니다.

양자 네트워크의 확장성

앞서 살펴본 양자 얽힘과 원격전송 원리는 통신 노드를 두 개에서 세 개, 네 개…, 수십, 수백 개로 늘려 대규모 양자 네트워크를 구축할 때도 동일하게 적용됩니다. 그리고 양자 메모리를 얽듯 양자컴퓨터를 하나의 통신 노드로 간주하고 여러 대를 연결하면 연산 능력이 뛰어난 양자 슈퍼컴퓨터를 만들 수 있습니다. 제가 연구하고 있는 이온트랩 하드웨어를 예로 들어, 양자 통신 기술이 양자컴퓨터 성능 향상과 확장성에 어떻게 도움을 주는지 알아보겠습니다.

이온트랩 양자컴퓨터는 이온 큐비트 여러 개를 한 줄로 포획한 뒤, 각각의 큐비트에 레이저 광선을 비추어 양자 연산을 수행합니다. 이때 이온에서 방출된 광자가 다른 위치에 있는 양자컴퓨터에서 방출된 광자와 간섭하도록 하면, 서로 다른 양자컴퓨터 간에 얽힘 쌍을 생성할 수 있습니다. 그림 2-6은 광 스위치optical switch로 양자컴퓨터 여러 대를 연결해 양자 슈퍼컴퓨터를 만든 모습입니다. 하나하나의 컴퓨터가 모듈을 이루고 있죠. 각 모듈의 이온 사슬에서 방출한 광자가 광섬유를 따라 광 스위치로 전달되고, 광 스위치를 제어해 원하는 모듈만 선택하여 얽힘 쌍을 만드는 구조입니다. 예를 들어, 3번과 13번 모듈에서 발생한 광자를 수집하고 빔 스플리터를 통해 간섭을 일으키면, 두 모듈 사이에 얽힘 쌍이 생기고 결과적으로 양자컴퓨터 두 대가 연산에 참여하는 효과가 생깁니다. 이러한 통신 장치는 이미 실험실을 벗어나 상용화 단계에 진입했습니다.

광 스위치는 이름에서 짐작할 수 있듯이 광자의 이동 경로를 바꿔주는 광학 장치입니다. 광 스위치의 종류는 다양하지만, 미세전자기계 시스템micro-electromechanical systems, MEMS 기술이 적용된 광 스위치가 양자 네트워크의 핵심 부품으로 주목받고 있

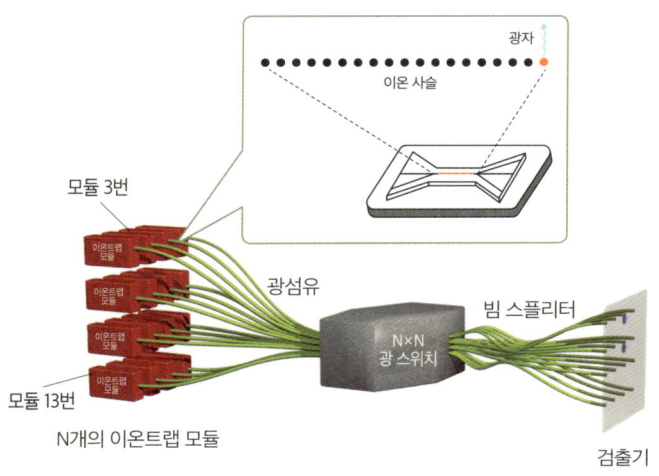

그림 2-6 ▶ **모듈형 양자 슈퍼컴퓨터**

습니다. 작은 회전 거울들이 하나의 기판 위에 배열돼 있는데, 각각의 거울을 정교하게 제어함으로써 여러 신호를 입력 광섬유에서 출력 광섬유로 동시에 연결해주는 장치입니다(그림 2-7A). 회전 거울의 각도를 조정해서 특정 입력 포트로 들어온 광자를 특정 출력 포트로 유도하는 것이죠.

MEMS 기반 광 스위치는 원래 고전적인 광통신에서 데이터 전송 속도를 높이고 대규모 병렬 처리를 지원할 목적으로 개발됐습니다. 2000년대 초반에 256×256개의 거울로 이뤄진 광 스위치가 등장했고, 곧이어 1,296×1,296 배열의 광 스위치까지 나왔습니다(그림 2-7B). 이는 현재까지 개발된 광 스위치 중 가장 큰 규모입니다. MEMS 장치는 실리콘 반도체 공정을 활용

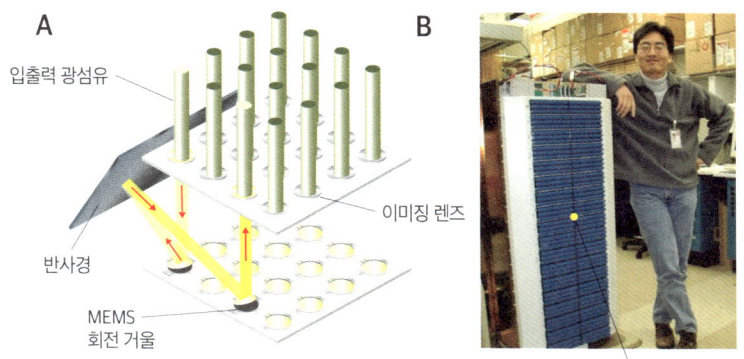

그림 2-7 ▶ MEMS 기반 광 스위치

하여 대량 생산이 가능하다는 장점이 있습니다. 이런 양산 시스템을 바탕으로 오늘날 전 세계 데이터센터에서 서버를 연결하는 용도로 MEMS 기반 광 스위치가 쓰이고 있습니다. 고전컴퓨터

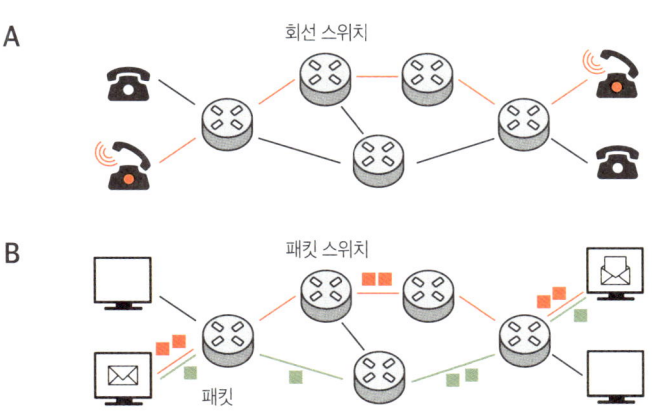

그림 2-8 ▶ 회선 교환(A) vs. 패킷 교환(B)

에 확장성을 부여해준 광통신 기술이 양자 네트워크라는 새로운 인프라를 구축하는 데까지 활용 가치를 높이고 있는 셈이죠.

광 스위치가 유선 전화 연결 방식에 착안한 회선 교환 장치라면, 한 단계 나아가 오늘날 인터넷에서 사용하는 패킷 교환을 양자 네트워크에 적용하려는 시도도 있습니다. 회선 교환은 정보 전체를 미리 확보한 경로로만 보내는 방식입니다(그림 2-8A). 실시간 전송에 유리하지만, 사용하지 않는 회선도 유지해야 하므로 비효율적인 면이 있죠. 반면, 패킷 교환은 정보를 여러 부분, 즉 패킷 단위로 쪼개서 따로 전송한 다음 수신처에서 재조립하는 전략을 취합니다(그림 2-8B). 그러면 송수신처 간의 경로를 미리 정해놓지 않고 네트워크 전반을 유연하게 활용할 수 있다는 게 장점입니다. 통신망의 교차점에서 패킷의 최적 이동 경로를 지정하는 장치를 라우터router라고 부르는데, 양자 네트워크에서도 이런 장치가 있다면 노드 사이의 얽힘을 효율적으로 관리할 수 있을 겁니다. 양자 라우터는 아직 실현되지 않은 기술이지만, 미래의 양자 네트워크에서 중요한 역할을 할 것으로 기대를 모으고 있습니다.

장거리 양자 통신의 심장, 양자 중계기

고전 통신이든 양자 통신이든, 좁은 지역을 넘어 전 세계를 아우르는 사회 인프라가 되려면 통신 거리가 매우 길어야 합니다. 그런데 광통신의 가장 큰 문제는 광자 운반 과정에서 광 손실optical loss이 일어나 장거리 통신에 취약하다는 점입니다. 광섬유라는 소재의 고유한 특성 등으로 인해 광통신의 통신율communication rate[5]은 거리 증가에 따라 기하급수적으로 떨어져 결국 0에 수렴합니다.

고전적인 광통신에서는 광 손실 문제를 광 증폭기optical amplifier로 해결할 수 있지만, 양자 통신의 광자 전송 과정에서는 이 장치를 쓸 수 없습니다. 광자를 매개로 전달하려는 양자 정보는 복사나 증폭이 불가능하기 때문이죠. 또한 양자 원격전송 원리를 이용하려면 먼 거리를 이동하면서 소실되는 광자뿐 아니라, 그 광자가 지니고 있던 얽힘 상태까지 되살려야 합니다.

양자 통신에서 광 증폭기와 유사한 역할을 하도록 개발 중인 장치가 바로 양자 중계기quantum repeater입니다(그림 2-9). 전체 거리를 짧은 구간으로 나누어 사이사이에 양자 중계기를 배치하면 광 손실 문제를 피할 수 있습니다. 각 중계기는 양자 메모리 두 개와 통신 채널 두 개를 갖고 있어 좌우로 광자 하나씩을 방출합니다. 양자 메모리를 구현하는 방식에 따라 조금씩 다르지만, 보통 큐비트에서 방출되는 광자의 파장은 공기나 광섬유에서 전파하기 어렵습니다. 이때 비선형 양자 파장 변환 장치

5 ― 특정 통신 채널을 통해 단위 시간당 전송되는 비트의 수

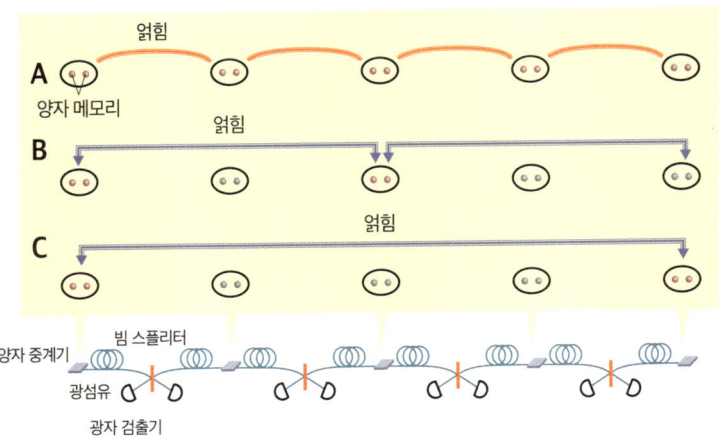

그림 2-9 ▶ **양자 중계기의 원리**

nonlinear quantum wavelength converter를 사용하면 광자의 파장을 장거리 통신에 적합하게 변환할 수 있습니다.

    인접한 중계기로부터 방출된 광자 두 개는 중간 지점에서 만나 간섭을 일으키고, 그 결과 양자 메모리 사이에 얽힘 쌍이 생깁니다(그림 2-9A). 이후 광자 자체는 손실돼도 광자를 매개로 형성된 양자 메모리 간 얽힘은 장시간 유지될 수 있습니다. 인접한 중계기 사이에 얽힘을 만든 다음에는 양자 얽힘 교환을 반복하여 얽힘 거리를 늘려나갑니다. 그림 2-9를 예로 들면, A에서 B로, B에서 C로 갈 때 얽힘 거리가 두 배씩 증가합니다. 양자 중계기 사슬을 따라 얽힘이 전송되다가, 마침내 양끝에 있는 노드끼리 얽히는 순간이 옵니다. 양자 중계기를 활용한 장거리 양자 통신은 아직 상용화 단계는 아니지만, 실험실 조건에서 수 킬로 미터에 걸쳐 얽힘 상태를 시연한 사례가 있습니다.

정교하고 안전한 양자 인터넷 시대를 향해

지금까지 설명한 것처럼 양자 인터넷을 실현하기 위해서는 기술적으로 여러 요소가 뒷받침되어야 합니다. 그중 가장 많이 발전한 부분은 양자 인터페이스라고 할 수 있습니다. 네트워크의 기본이 되는 양자 메모리를 구현하고, 광자를 통해 큐비트 정보를 안정적으로 전달하며, 광자의 파장을 장거리 통신에 적합한 상태로 변환하는 기술 모두 실험적으로 입증됐죠. 하지만 양자 메모리를 떠난 광자가 손실 없이 멀리 이동할 수 있게끔 지원하는 광학 장치 개발은 여전히 중요한 과제로 남아 있습니다. 복잡한 통신망에서 정보의 흐름을 효율적으로 분배하고 관리하는 기술 또한 앞으로 개발해야 할 필수 요소죠.

한편, 양자 통신과 양자컴퓨터는 떼어놓고 생각할 수 없습니다. 앞서 소개한 이온트랩 양자 슈퍼컴퓨터처럼, 양자 통신 기술은 양자컴퓨터의 확장성을 높여주는 핵심 수단입니다. 반대로, 통신 노드 역할을 하는 양자 메모리 소자는 큐비트 정보를 저장하고 불러내서 연산을 수행한다는 점에서 소규모 양자컴퓨터라고 할 수 있습니다. 따라서 양자컴퓨터가 발전하면 양자 네

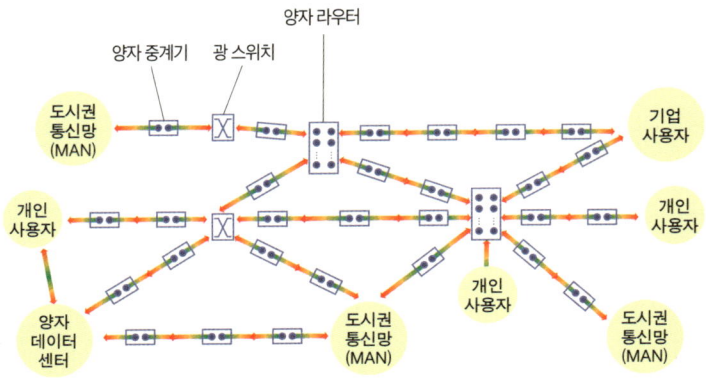

그림 2-10 ▶ 미래의 양자 인터넷

트워크를 더욱 정교하고 효율적으로 구현할 수 있는 길을 열어 줄 것입니다.

양자 통신은 송신 과정에서 정보를 가로채거나 복제할 수 없다는 큰 장점이 있습니다. 안전하고 빠른 정보 교환이라는 인간의 오랜 바람을 충족해줄 혁신적인 기술임에 틀림없죠. 양자 얽힘과 원격전송 원리를 활용하여 도시권 통신망metropolitan area network, MAN, 데이터센터, 개인과 기업 사용자 등 사회 곳곳을 하나로 연결할 수 있는 미래가 하루 빨리 오길 기대합니다(그림 2-10).

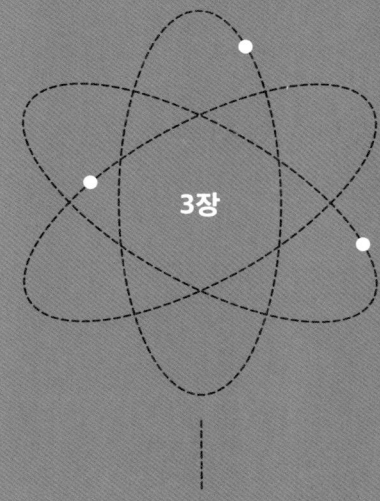

3장

초전도 소자 기술로 구현하는 양자컴퓨터

◆ 정연욱 ◆

정연욱

성균관대 양자정보공학과·나노공학과 교수
양자정보연구지원센터장

前 한국표준과학연구원 KRISS 선임·책임연구원
前 미국 국립표준기술연구소 NIST Boulder 객원 박사후연구원
前 독일 율리히 연구소 KFA 방문연구원

양자컴퓨터, 40년 만에 현실이 되다

1981년 5월 MIT에서 열린 전산물리학회Physics of Computation Conference는 양자컴퓨팅 기술 발전사에서 큰 전환점으로 평가받습니다(그림 3-1). 양자컴퓨터에 대해 진지하게 논의한 최초의 학회였기 때문입니다. 당시 리처드 파인만Richard P. Feynman은 "자연은 고전적이지 않기 때문에, 자연을 시뮬레이션하려면 양자역학적으로 해야 한다"라는 유명한 말을 남겼습니다.[1] 양자역학의 원리로 작동하는 기계, 즉 양자컴퓨터의 개념과 필요성을 처음 제시한 것입니다. 리처드 파인만을 비롯해 프리먼 다이슨Freeman J. Dyson, 존 아치볼드 휠러John Archibald Wheeler, 찰스 베넷Charles H. Bennet 등 당대 최고의 물리학자 50여 명이 양자컴퓨터 개발 방안을 두고 함께 고민했지만, 그들조차 이 기술이 실현 가능한지는 확신하지 못했습니다. 1990년대 초반까지 양자 기술에서 눈에 띄는 발전이 없었고, 양자컴퓨터 구현은 물리학계가 꾸는 꿈에 불과했습니다.

그러다가 1994년 피터 쇼어가 쇼어 알고리듬을 발표하면서

---

1 — "Nature isn't classical, dammit, and if you want to make a simulation of nature, you'd better make it quantum mechanical, and by golly it's a wonderful problem, because it doesn't look so easy." Trabesinger A. Quantum simulation. Nature Physics. 2012;8(4):263-263. doi:https://doi.org/10.1038/nphys2258.
Originally published in Simulating Physics with Computers. Keynote address delivered at the MIT Physics of Computation Conference. Published in Int. J. Theor. Phys. 21 (6/7), 1982.

그림 3-1 ▶ MIT-IBM 공동 주최 전산물리학회(1981년)

양자컴퓨팅 분야에 활력을 불어넣었습니다. 고전컴퓨터로는 막대한 시간이 걸리는 소인수분해 문제를 양자컴퓨터로는 훨씬 더 효율적으로 해결할 수 있다는 사실이 수학적으로 밝혀진 것입니다. 이를 계기로 물리학계뿐 아니라 많은 사람이 양자컴퓨터가 이론상으로만 의미 있는 게 아니라 현실 문제를 푸는 강력한 도구가 될 가능성이 있다는 걸 깨달았죠. 자연스럽게 산업계도 양자컴퓨터 개발에 투자를 확대하면서 상용화 기술이 급격히 발전하기 시작했습니다.

이처럼 양자컴퓨팅은 40여 년 전에 태동하여, 본격적인 기술 개발 역사는 20년 남짓 된 젊은 분야입니다. 지금은 클라우드에 접속하면 전 세계 어디에서나 1년 365일 양자컴퓨터를 사용할 수 있는 세상이 되었습니다.

천 리 길도 큐비트부터

고전컴퓨터에 비트가 있다면, 양자컴퓨터를 구현하는 데는 양자 정보의 기본 단위인 큐비트가 필요합니다. 중첩과 얽힘이 가능한 양자 물질quantum object만이 큐비트가 될 수 있습니다.

중첩을 설명할 때는 상자에 갇힌 슈뢰딩거의 고양이를 예로 들곤 합니다. 고양이가 살아 있는 상태를 1, 죽어 있는 상태를 0이라고 합시다. 양자 세계에서는 오직 관찰을 통해서만 고양이의 생사가 결정되므로, 상자를 열어 확인하기 전까지 이 고양이는 1과 0이라는 두 가지 상태를 동시에 지닌 셈이죠. 중첩은 이렇게 확률적으로 여러 상태가 가능한 양자 물질의 특성입니다.

한편 얽힘은 두 개 이상의 큐비트가 물리적 거리에 상관없이 서로 영향을 주고받는 관계를 뜻합니다. 얽혀 있는 큐비트 사이에서는, 한쪽 큐비트의 상태가 결정되면 그 결과에 따라 다른 큐비트의 상태가 즉시 결정됩니다.

큐비트가 있다고 해서 바로 양자 연산을 할 수 있는 건 아닙니다. 양자 연산을 지원하는 조건을 갖춰야 하죠. 2001년 이론물리학자 데이비드 디빈첸조David DiVincenzo는 양자컴퓨터를 구현하기 위한 요소를 다섯 가지로 정리했습니다.

첫 번째는 확장성scalability입니다. 이는 큐비트를 정밀하게 제어하고 오류를 최소화하면서 큐비트 수를 늘릴 수 있는 물리적 시스템이 필요하다는 뜻입니다.

두 번째, 초기화 가능성은 연산 시작 전에 모든 큐비트를 특정 상태로, 예를 들어 모두 0으로 초기화(initialization)할 수 있어야 한다는 것입니다.

세 번째, 상당한 오류가 발생하기 전에 논리 연산을 완료할 수 있을 만큼 큐비트가 양자 중첩 상태를 유지하는 시간, 다른 말로 결맞음 시간(coherence time)이 충분히 길어야 합니다.

네 번째, 큐비트를 활용해 다양한 논리 연산을 수행하기 위해 범용 양자 게이트 집합(a universal set of quantum gates)이 필요합니다.

마지막으로, 연산 완료 후 다른 큐비트를 방해하지 않고 개별 큐비트의 상태를 선택적으로 측정(qubit-specific measurement)하여 결과를 얻을 수 있어야 합니다.

- 확장성 scalability
- 초기화 initialization 가능성
- 충분한 결맞음 시간 coherence time
- 범용 양자 게이트 universal quantum gates
- 선택적 측정 qubit-specific measurement 가능성

디 빈첸조의 다섯 가지 조건

방대한 연산 공간을 탐색하는 양자 알고리듬

중첩 현상 덕분에 큐비트를 활용하면 방대한 연산 공간을 얻을 수 있습니다. 큐비트 수가 증가하면 그에 따라 양자컴퓨터의 연산 공간도 지수적으로 늘어납니다. 예를 들어, 큐비트 10개로는 2^{10}(1,024)개 조합을, 큐비트 50개로는 2^{50}(약 1.13경)개 조합을 동시에 고려할 수 있죠. 그리고 큐비트 300개로는 우주 전체에 존재하는 원자 수보다 많은 2^{300}개 조합을 동시에 처리할 수 있습니다. 고전컴퓨터로도 비트 N개로 2^N개 조합을 만들 수 있지만, 한 번에 처리할 수 있는 연산은 단 하나뿐입니다. 그래서 고전컴퓨터에서는 비트 수에 비례하여 연산 공간이 선형적으로 증가한다고 표현합니다. 2^N개 조합을 차례대로 처리하는 게 아니라 동시에 처리한다는 점이 고전컴퓨터와 다른 양자컴퓨터의 강점입니다.

방대한 큐비트 연산 공간에서 결과가 나오기까지 어떤 일이 벌어질까요? 그림 3-2처럼, 우선 큐비트 N개가 이루는 2^N개 조합 하나하나에 정보가 인코딩됩니다. 확률 파동함수의 중첩으로 양자 상태를 표현하는 것입니다. 이론상 가능한 확률 파동함수의 개수는 무한하지만, 모든 확률의 합은 반드시 1이 되어야 합니다. 수학적으로 표현하자면, 모든 확률 진폭의 제곱의 합이 1이어야 하는 거죠. 따라서 중첩된 파동함수 중 하나의 진폭이 커지면 다른 파동함수의 진폭이 상대적으로 작아질 수밖에 없습니다. 이

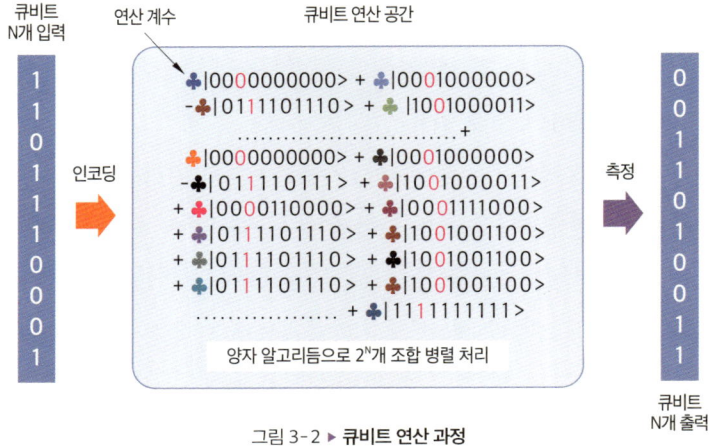

그림 3-2 ▶ 큐비트 연산 과정

것이 바로 양자 알고리듬을 개발하는 핵심 원리입니다.

양자 알고리듬은 모든 확률을 동시에 고려하여, 정답일 확률이 큰 파동함수의 진폭을 증폭하고 오답일 확률이 큰 파동함수의 진폭은 감소시킵니다. 그래서 양자 알고리듬을 적용한 후에 측정하면 정답일 확률이 큰 파동함수가 우세하게 드러납니다. 그 측정 결과는 다시 큐비트 N개로 표현할 수 있습니다. 유한한 경우의 수를 순차적으로 계산하여 정답을 찾는 고전 알고리듬과는 전혀 다른 식의 접근법이죠.

양자 알고리듬이 확률을 근거로 결과를 도출한다고 해서 부정확한 것은 아닙니다. 연산과 측정을 거듭하는 등 결과의 신뢰도를 높이는 방법이 있기 때문입니다. 쇼어 알고리듬은 반복 연산을 통해 신뢰도를 높인 대표적인 예입니다. 적절한 양자 알고리듬을 적용했을 때, 고려해야 하는 조합이 많을수록 고전컴퓨터와는 비교할 수 없을 만큼 빠른 속도로 정답을 찾아주는 도구가 바로 양자컴퓨터입니다.

초전도체, 편견을 넘어 선두에 서다

큐비트, 연산 공간, 양자 알고리듬 등 양자 연산을 위한 여러 요소를 양자컴퓨터라는 물리적 기계 안에서 구현하려면 특수한 하드웨어 체계, 즉 양자 플랫폼 quantum platform이 필요합니다. 현재 연구 개발 중인 양자 플랫폼에는 초전도, 이온트랩, 양자점, 다이아몬드 질소-공동, 광자 등 여러 가지가 있습니다(그림 3-3). 또 양자 플랫폼은 컴퓨팅에만 국한된 것이 아니라 통신, 시뮬레이션, 센서 등 양자 기술 전반에 대한 기반 기술로 이해해야 합니다.

40여 년 전, 전산물리학회에 모인 학자들이 떠올린 양자 플랫폼은 단일 원자, 광자, 이온처럼 자연에 존재하는 미세 입자였습니다. 초전도체를 기반으로 한 양자 기술은 상대적으로 뒤늦게 등장했죠. 초전도체는 임계온도[2] 이하의 매우 낮은 온도에서 전기 저항이 0이 되는 물질입니다. 이때 일부 전자는 두 개씩 느

---

2 — critical temperature. 물질의 종류에 따라 달라진다. 예를 들어, 고체 수은^{Hg}은 약 4.2K(-268.95℃), 납^{Pb}은 7.2K(-265.95℃)다.

그림 3-3 ▶ 다양한 양자 기술과 플랫폼

순하게 결합하여 쿠퍼 쌍$^{\text{Cooper pair}}$을 형성하고, 이 쌍들이 마치 하나의 파동을 만들듯 집단으로 움직이면서 저항 없이 전류가 흐릅니다.

물리학에서 초전도체는 현미경이나 육안으로 볼 수 있을 만큼 큰 '거시적' 물질로 분류됩니다. 양자물리학 초창기에는 이러한 거시적 물질이 양자 특성을 가질 수 있으리라고는 생각하지 않았습니다. 오늘날 초전도체가 양자 플랫폼의 핵심 축으로 자리 잡았다는 사실을 알면 리처드 파인만도 깜짝 놀랄 겁니다.

2003년 노벨물리학상을 수상한 앤서니 레깃$^{\text{Anthony Leggett}}$이 원자나 전자뿐 아니라 거시적 물질도 양자 특성을 띨 수 있다는 화두를 처음 던졌고, 이후 존 클라크John Clark, 미셸 드보레Michel H. Devoret, 존 마르티니스John M. Martinis[3] 등 선도적인 과학자들이 그 이론을 구체화했습니다. 1999년 나카무라 야스노부中村泰信는 최초로 초전도체에 기반한 단일 큐비트를 선보였죠. 지금은 수십에서 수천 개 큐비트를 자랑하는 초전도체 기반 양자컴퓨터가 클라우드 서비스를 제공하고, 인간이 제어하지 않고도 자율적으로 작동하는 단계에 이르렀습니다.

이미 상용화되었거나 개발 중인 양자컴퓨터는 대부분 초전도 기술을 기반으로 합니다. 대표적인 초전도 기반 양자컴퓨터 기업으로는 구글, IBM, 리게티Rigetti, D-웨이브D-Wave가 있습니다. 초전도 플랫폼은 다른 플랫폼에 비해 확장성이 뛰어납니다. 그래서 많은 수의 큐비트를 탑재한 양자컴퓨터는 초전도를 기반으로 하는 경우가 많습니다.

차갑게, 더 차갑게…

초전도 양자 플랫폼의 핵심 기술 중 하나는 극저온 환경을 안정적으로 조성하는 것입니다. 일반적으로 초전도 현상은 절대영도(0K, -273.15℃)에 가까운 온도에서만 나타나기 때문입니다.

---

3 — 존 클라크, 미셸 드보레, 존 마르티니스 3인은 '전기 회로에서 거시적인 양자역학적 터널링과 에너지 양자화 현상을 발견한 공로'로 2025년 노벨 물리학상을 공동 수상했다.

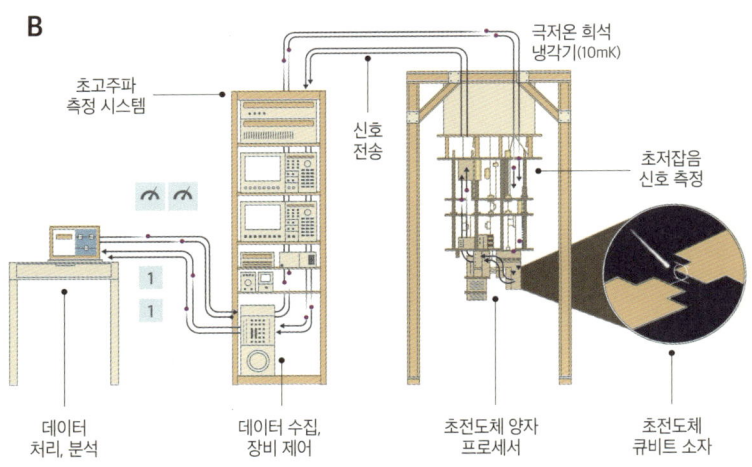

그림 3-4 ▶ 초전도 양자컴퓨터 구조

그림 3-4A는 실제로 제 연구실에서 사용하는 초전도 양자컴퓨터 사진이고, 그 구조를 모식화한 것이 그림 3-4B입니다. 냉각 시스템이 상당 부분을 차지하죠.

희석 냉각기dilution refrigerator는 실온에서 시작해 여러 냉각 단계를 거쳐 점진적으로 저온 환경을 만듭니다. 최종적으로 냉각기 밑부분은 10mK(≈ -273°C) 정도로 유지됩니다. 그리고 가장 차가운 이 구간에 초전도 큐비트 소자device를 배치합니다. 반면, 큐비트 제어 장치는 냉각기 외부에 있죠. 외부에서 생성된 마이크로파가 고속 신호 전달 장치를 통해 극저온 환경에 있는 초전도 큐비트에 전달되고, 연산이 끝난 뒤에는 결괏값이 다시 외부로 전송됩니다. 냉각기 외부에는 초고주파를 측정하는 시스템, 알고리듬을 실행하고 제어하는 장치도 있습니다.

극저온 냉각기를 비롯해 시스템 곳곳에서 모든 요소가 안정적으로 작동하고 원활히 통신하게끔 만드는 것은 기술적으로 까다로운 일입니다. 특히 고전 비트에 비해 큐비트는 외부 잡음과 교란에 훨씬 취약합니다. 20년 넘게 이어온 노력 덕분에 초전도 플랫폼은 상용화됐지만, 아직도 개선할 여지가 많습니다. 시스템 전반의 정밀도와 안정성을 높이기 위한 연구는 지금도 활발히 이뤄지고 있죠. 사용자 입장에서는 클라우드에 접속해 프로그램을 돌리고 원하는 답을 얻으면 되니 하드웨어의 크기나 겉모습에 신경 쓸 필요가 없겠지만, 제조사로서는 각 요소를 소형화하는 데도 공을 들이는 중입니다.

전자의 에너지 상태를 모방하는 큐비트

초전도 큐비트는 원자 속 전자가 지닌 양자적 성질을 모방한 것입니다. 원자는 원자핵과 그 주변에 있는 전자로 구성되어 있습니다. 전자는 특정 공간에 확률적으로 분포하는데, 같은 전자라도 어떤 궤도에 위치하는지에 따라 에너지 준위가 달라집니다.[4] 보통 전자 궤도 반지름이 작을수록 낮은 에너지, 클수록 높은 에너지에 해당하죠. 전자는 이렇게 양자화[5]된 에너지 준위 사이를 오갈 수 있으며, 궤도 간 전이를 통한 전자의 에너지 변화를 용수철 진자의 운동에 빗대 이해하기도 합니다(그림 3-5A). 이런 관점에서 원자 속 전자의 에너지는 일종의 양자 조화 진동자 quantum harmonic oscillator라고 볼 수 있습니다.[6] 단, 흔히 보는 용수철 진자는 잡아당겨진 길이에 따라 에너지를 마음대로 조절할 수 있지만, 양자역학 세계의 진자는 마치 계단처럼 정해진 에너지만 가질 수 있다는 차이가 있습니다.

놀랍게도 이러한 양자 조화 진동자를 거시 세계에서도 구현

---

4 — 양자역학 원자 모델에서, 전자는 특정 궤도를 따라 도는 것이 아니라 오비탈orbital이라고 불리는 확률 분포 공간에 존재한다. 오비탈은 전자가 있을 가능성이 높은 영역을 뜻하는데, 본문에서는 이해를 돕기 위해 고전적인 보어 모델에 나오는 궤도 개념을 함께 사용한다.
5 — 물리량이 불연속적이고 특정 단위의 정수배로만 존재하는 양자역학적 현상.
6 — 용수철에 매달린 물체처럼 평형 위치에서 벗어나면 원래 자리로 돌아가려는 힘이 작용하는 시스템을 고전역학에서 조화 진동자harmonic oscillator라고 한다. 이 개념을 양자역학에 적용한 것이 양자 조화 진동자다. 단, 전자의 에너지를 양자 조화 진동자로 해석할 때는 낮은 에너지 준위 오비탈에 한해 성립하며, 에너지 준위가 높아질수록 비조화성anharmonicity이 커져 이 개념을 적용하기 어렵다.

할 수 있습니다. 인덕터^{inductor}(L 혹은 유도기)와 커패시터^{capacitor}(C 혹은 축전기)가 있으면 전기 회로로 진동자를 만드는 건 비교적 간단합니다(그림 3-5B). 인덕터는 전선이 돌돌 감긴 코일 형태로, 전류가 흐르면 에너지를 저장하는 성질이 있습니다. 커패시터는 서로 마주 보는 얇은 금속판 두 개로 이루어져 있는데, 각 판에 양전하와 음전하가 쌓이면서 에너지를 저장합니다. 인덕터와 커패시터가 연결된 회로는 전류가 한 방향으로 흘렀다가 반대 방향으로 흐르기를 반복하며 내부에 에너지를 저장한다는 점에서 아래위로 흔들리는 용수철 진자와 비슷합니다.

초전도체 재료로 LC 회로를 구성한 후 극저온 환경에 노출시키면 회로 내 전기 에너지가 불연속적 값만 갖는, 즉 양자화된 상태로 바뀝니다. 이때 회로의 에너지가 바닥 상태면 0, 들뜬 상태면 1로 보고 정보를 저장하거나 처리할 수 있죠. 문제는 이 회로의 에너지 준위가 일정 간격으로 분포되어 있어서 모든 전이 주파수가 동일하다는 점입니다. 예를 들어, 0과 1의 두 상태만을 가지고 양자 정보를 처리하고 싶어서, 0 상태로 초기화된 회로에 에너지를 가해 1 상태로 전이를 유도한다고 합시다. 이때 0에서 1로의 전이뿐 아니라, 1에서 2, 2에서 3으로의 전이도 함께 발생합니다. 결국 0과 1 이외에 불필요한 정보가 생기는 셈입니다. 따라서 에너지 준위 간격의 선형성^{linearity}이 해결되지 않는 한, 특정 전이만 선택적으로 제어하기는 어렵습니다.

다행히 이 문제는 LC 회로에서 인덕터를 조셉슨 접합$^{Joseph-}$

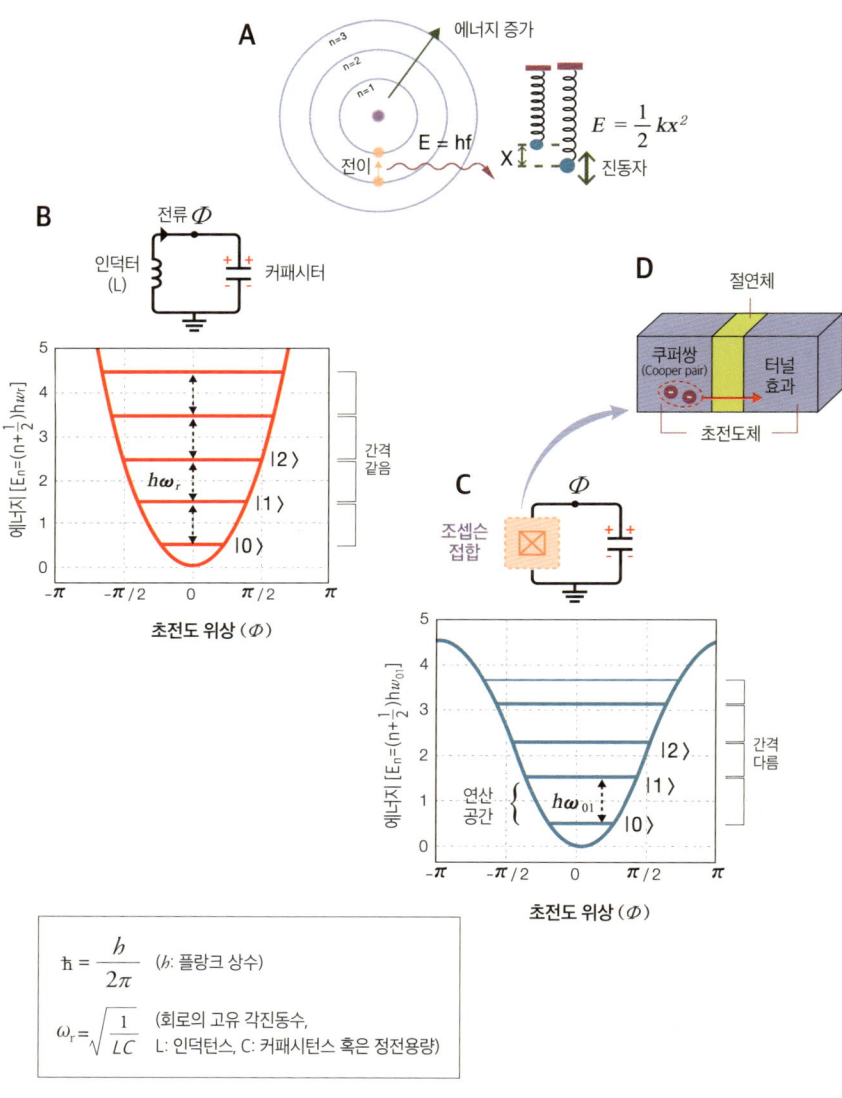

그림 3-5 ▶ **전자의 에너지를 모방한 초전도 LC 회로**

son junction으로 대체하면 해결할 수 있습니다(그림 3-5C). 조셉슨 접합을 자세히 보면 두 초전도체 사이에 매우 얇은 절연체가 껴 있는데, 이를 통해 터널 효과[7]가 발생합니다(그림 3-5D). 터널링이 일어나면 비선형 인덕턴스[8]가 유도되고, 결과적으로 회로의 에너지 준위 간격이 모두 달라져 각 전이 주파수를 명확히 구분할 수 있죠. 덕분에 0과 1 사이에서 일어나는 전이만 선택적으로 제어하여 정보 저장이나 처리에 활용할 수 있습니다. 이렇게 전이 에너지가 선형적으로 증가하지 않는 성질, 즉 비선형성은 초전도 큐비트 구현에 필수 조건입니다.

조셉슨 접합은 이처럼 큐비트를 구현하는 데 그치지 않고, 이를 정밀하게 제어하는 과정에도 중요한 역할을 합니다. 조셉슨 접합 두 개를 고리 형태로 병렬 연결하면 초전도 양자 간섭 소자superconducting quantum interference device, SQUID가 나옵니다(그림 3-6A, B). SQUID는 미세한 자기장의 변화까지 놓치지 않고 민감하게 반응해 조셉슨 접합의 임계 전류값을 조절하죠. 임계 전류값이 바뀌면 조셉슨 접합의 비선형 인덕턴스가 달라지고, 이는 큐비트의 작동 주파수에 영향을 줍니다(그림 3-6C). 이 과정을 통해 SQUID를 활용하면 큐비트의 작동 주파수를 실시간으로 제어할 수 있습니다. 원자 기반 큐비트에서는 초기 설계 시 주파수

---

7 — tunnel effect. 전자가 고전적으로는 통과할 수 없는 얇은 장벽(절연층)을 뚫고 지나가는 양자역학적 현상.
8 — inductance. 전기 회로에서 전류 변화에 의해 발생한 자기장이 전류 변화에 저항하는 성질.

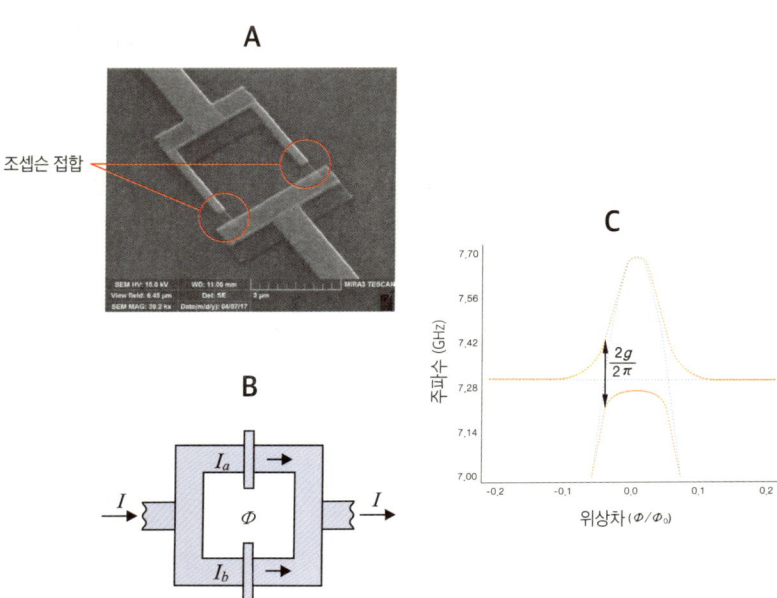

그림 3-6 ▶ **초전도 양자 간섭 소자(SQUID)**

를 고정하지 않고 작동 환경에 맞춰 유연하게 조정하기 어렵습니다. 작동 주파수에 유연성이 있다는 것은 초전도 큐비트만의 장점입니다.

초전도 큐비트의 진화: 지금은 트랜스몬 시대

초전도 큐비트는 회로 제어 방식에 따라, 전기장을 이용하는 전하 큐비트와 자기장을 이용하는 플럭스^{flux} 큐비트 등으로 구분합니다(그림 3-7). 쿠퍼 쌍 박스로 대표되는 초기 전하 큐비트는 외부 전하 잡음에 너무 민감해서 결맞음 시간을 확보하기가 어려웠습니다. 이를 극복할 대안으로 전하 대신 자기장을 활용하는 플럭스 큐비트, 위상 차를 활용하는 위상 큐비트가 고안됐죠. 하지만 각각의 기술적 문제로 인해 상용화에 한계가 있었습니다.

전하와 자기장 제어 방식을 혼합한 퀀트로늄^{quantronium}도 시험대에 올랐습니다. 그러다가 기존의 전하 큐비트가 지닌 단점을 개선한 트랜스몬[9]이 등장하여 주류를 이뤘습니다. 트랜스몬 이후에는 플럭소늄^{fluxonium}처럼 또 다른 하이브리드 큐비트가 개발되는 등 다양한 시도가 이어지고 있지만, 아직까지 트랜스몬을 대체할 만큼 상용화에 성공한 초전도 큐비트는 없습니다.

트랜스몬은 2007년 예일대 연구진이 처음 고안한 구조로[10], 쿠퍼 쌍 박스를 변형하여 대형 커패시터를 조셉슨 접합과 병렬로 연결한 게 특징입니다(그림 3-8). 대형 커패시터를 추가하면 회로의 전하 저장 능력, 즉 커패시턴스^{capacitance}(정전 용량)가 증가합니다. 커패시터 용량이 큰 만큼 커패시터를 경계로 형성되는 초전도 섬^{island}에 더 많은 전하가 저장될 수 있죠. 이로 인해 외

---

9 — Transmission-line shunted plasma oscillation qubit. 전송선으로 병렬 연결된 플라즈마 진동 큐비트.
10 — Koch J, Yu TM, Gambetta J, et al. Charge-insensitive qubit design derived from the Cooper pair box. Physical Review A. 2007;76(4). doi:https://doi.org/10.1103/physreva.76.042319

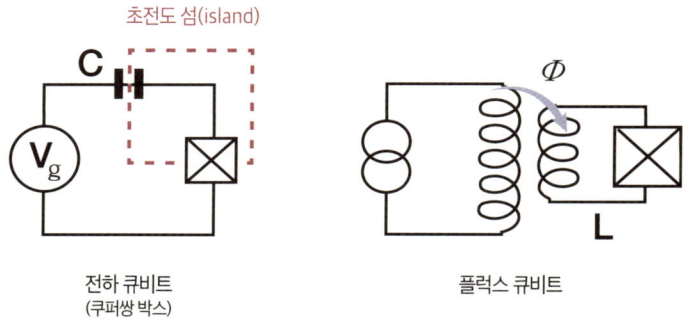

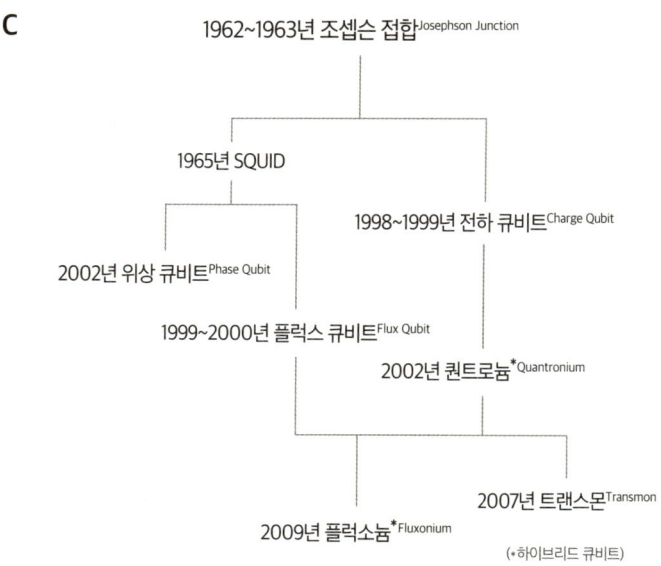

그림 3-7 ▶ **다양한 초전도 큐비트**

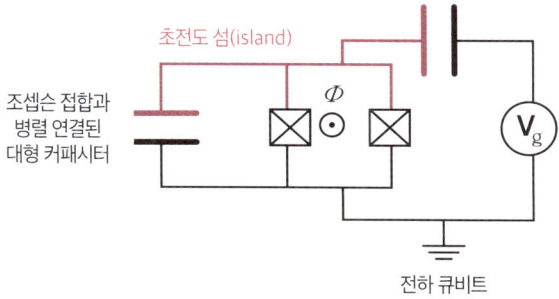

그림 3-8 ▶ **트랜스몬**

부 전하 잡음에 대한 민감도가 낮아지고, 결과적으로 큐비트의 결맞음 시간이 길어집니다.

    사실 작동 주파수가 외부 변화에 민감하다는 특징은 초전도 큐비트의 장점이자 단점입니다. 큐비트 간의 얽힘을 구현하고 상호작용을 제어하는 데는 유리하게 작용하지만, 외부 자기장이나 전기적 잡음에 의해 원치 않는 주파수 변화가 일어날 위험도 내포하고 있기 때문이죠. 구글과 IBM은 주파수 조정으로 큐비트 간 얽힘을 구현하는 전략을 취하고 있습니다. IBM은 과거에는 주파수 조정 없이 얽힘을 구현하는 교차공명$^{cross\text{-}resonance}$ 방식을 꾸준히 활용했는데, 1~2년 전부터는 하드웨어 구조를 조금씩 바꾸면서 구글과 마찬가지로 주파수를 조정하는 쪽으로 전환하고 있습니다.

반도체 공정 기술로 태어나는 초전도 큐비트

초전도 양자 플랫폼은 이미 성숙 단계에 이른 반도체 공정을 상당 부분 활용할 수 있다는 장점이 있습니다. 예를 들어, 조셉슨 접합은 반도체 미세 구조 제작 방식 중 하나인 경사 증착법 angle deposition으로 생산합니다. 그림 3-9A와 같이 먼저 마스크[11] 역할을 할 브리지를 형성하고(①), 각도를 변경해가면서(②, ③) 금속 전극 물질을 증착해 중간에 미세하게 겹치는 부분(④)을 만듭니다. 조셉슨 접합 제조 기술은 50년 넘게 최적화되어 그림 3-9B에서 보듯 100나노미터가 채 안 되는 접합도 쉽게 만들 수 있을 만큼 발전했습니다.

큐비트를 양산하려면 제조 공정을 얼마나 반복하든 원하는 수준의 기능성이 일정하게 유지되어야 합니다. 다행히 현재 반도체 공정 기술은 1퍼센트 내외의 매우 작은 오차 범위로 초전도 큐비트를 구현할 수 있습니다. 초전도 소자를 전문적으로 제조하는 파운드리 시설과, 1만~100만 개의 조셉슨 접합 회로를 생산할 수 있는 대형 팹fab도 이미 운영 중이죠. 이렇게 기존 반도체 기술과의 높은 호환성에 힘입어, 초전도 플랫폼은 산업화 측면에서 뛰어난 확장성을 보여주고 있습니다.

그렇다고 지금의 초전도 큐비트 제조 공정이 완벽한 건 아

---

[11] — mask. 웨이퍼에 전사할 미세 전자 회로가 새겨진 유리판으로, 노광photolithography 공정에서 사용됨.

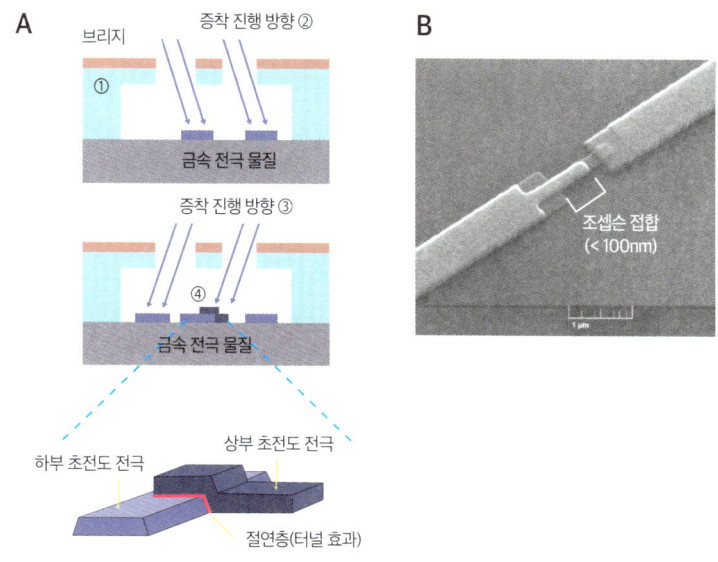

그림 3-9 ▶ **경사 증착법으로 생성한 조셉슨 접합**

닙니다. 우선, 큐비트 제조에 사용되는 일부 소재는 기존의 실리콘 반도체 공정과는 잘 맞지 않아서, 별도 공정을 개발하거나 호환성을 높여야 하는 과제가 있습니다. 다음으로, 큐비트 간에 연결성을 확보하는 방식도 개선해야 합니다. 다양한 기능을 가진 여러 큐비트를 하나의 칩 위에서 연결하려면 2차원 평면 구조로는 한계가 있습니다. 그래서 반도체 기술이 3D 적층[12]으로 진화해온 것처럼, 초전도 큐비트도 3차원 공간에서 돌파구를 찾는

---

12 — 3D stacking. 서로 다른 기능을 하는 칩을 수직으로 쌓아 올려 하나의 패키지로 연결하는 기술.

추세입니다. 예를 들어, 반도체 3D 적층에 쓰이는 인터포저[13]를 초전도 회로에 적용하려는 연구가 전 세계적으로 활발히 진행 중입니다. 마지막으로, 반도체 분야에서 그랬듯이 초전도 플랫폼에서도 칩 하나하나의 크기가 커지면서 시장은 점점 더 대형화를 요구할 것입니다. 이에 대비해, 큐비트의 안정성을 좌우하는 극저온 냉각 장치도 대형 시스템을 감당할 만큼 성능이 향상되어야 합니다.

설계와 제어: 큐비트도 결국 회로다

양자역학은 어렵고 신비스러운 듯 보이지만 마법이 아니라 과학입니다. 초전도 큐비트 기술도 본질은 진동하는 전자이며, 물리적 실체는 전기 회로입니다. 양자 요동[14]으로 인한 영향을 무시한다면, 큐비트 정보 중 0은 전자가 가만히 있는 상태, 1은 전자가 진동하는 상태인 셈이죠. 설계와 제어 전략도 초전도 큐비트가 전기 회로라는 이해에서 출발하고요. 결국 인덕터, 커패시터, 조셉슨 접합, 트랜스몬, SQUID 같은 회로 요소 중 무엇을 선택해 어떻게 배치하는가가 관건입니다. 양자물리학의 언어로는

---

13 — interposer. 3D 적층의 여러 칩 사이에서 전기가 통하도록 지원하는 중간 구조물. 단순한 기판이 아니라 인터포저 자체가 일종의 칩이다.
14 — quantum fluctuation 혹은 진공 요동 vacuum fluctuation. 진공도 완벽히 비어 있는 상태가 아니라는 양자역학의 전제하에서, 특정 공간에서 에너지가 아주 짧은 순간에 무작위로 변하는 현상을 말한다.

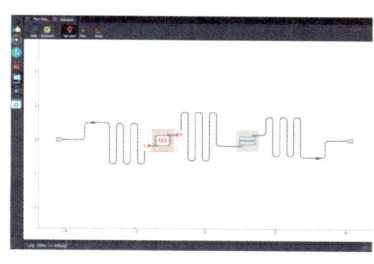

그림 3-10 ▶
큐비트 설계 툴키트(키스킷 메탈)

이것을 "해밀토니안Hamiltonian을 설계한다"라고 표현합니다. 해밀토니안은 시스템 전체의 에너지를 나타내는 함수로서, 큐비트가 어떤 양자 상태를 갖고 어떻게 변화할지 규정하는 틀입니다.

반도체 분야에는 소자 배치와 배선, 시뮬레이션, 검증에 이르기까지 칩 설계의 전 과정을 지원하는 CAD computer-aided design라는 자동화 도구가 고도로 발달해 있습니다. 여기에 비하면 아직 초보 수준이지만, 초전도 양자 회로의 설계에도 이와 유사한 소프트웨어 툴키트가 활용됩니다. IBM에서 2021년부터 오픈소스로 제공하고 있는 키스킷 메탈Qiskit Metal이 대표적이죠(그림 3-10). 사용자는 가상 도면에 큐비트, 버스[15], 리드아웃[16], 패드[17] 등을 배치하고, 시뮬레이션과 매개변수를 조정해 최적화된 회로를 설계할 수 있습니다. 키스킷 메탈은 무료라는 장점 때문에 학계에서 교육용이나 연구용으로 많이 활용됩니다.

---

15 — bus. 여러 회로 요소를 연결하는 전기적 경로.
16 — readout. 큐비트의 양자 상태를 측정하고 외부 신호로 변환하는 시스템.
17 — pad. 회로 기판을 외부 장치와 전기적으로 연결하는 금속 접점.

반면, 산업계에서는 키사이트Keysight에서 개발한 ADS 퀀텀Advanced Design System Quantum이라는 유료 소프트웨어를 주로 사용합니다. 이 툴키트는 기존 반도체 산업의 고주파나 마이크로파 회로를 설계할 때 사실상 표준으로 자리 잡은 ADS를 양자 회로 설계용으로 확장한 것인데, 실제 하드웨어 제조 환경과 유사한 조건에서 설계와 시뮬레이션을 수행하게 해줍니다.

빛과 물질의 상호작용을 활용해 양자 특성을 지닌 초전도 큐비트를 제어하는 방법론을 회로 양자 전기역학circuit quantum electrodynamics, circuit QED이라고 합니다. 이 분야의 핵심 장치는 마이크로파 공진기microwave resonator로, 특정 주파수를 가진 마이크로파에만 선택적으로 반응해 에너지를 저장하거나 증폭시키고, 그 외의 주파수에는 반응하지 않는 금속 구조물입니다. 트랜스몬 회로를 공진기에 전기적으로 결합한 뒤 원하는 마이크로파를 주입하면, 큐비트의 양자 상태가 전이를 일으켜 그 에너지를 광자 형태로 공진기에 전달합니다. 이때 큐비트 상태가 0, 1, 2 등으로 바뀌면 공진기에서 출력되는 마이크로파의 주파수도 미세하게 달라집니다. 이 특성을 이용하면, 입력되는 마이크로파의 주파수를 제어해 큐비트 상태를 바꿀 수도 있고, 출력된 주파수를 통해 큐비트의 상태를 판독할 수도 있습니다(그림 3-11).

마이크로파를 큐비트에 조사할 때 0과 1 사이의 전이 에너지에 정확히 일치하는 주파수를 사용하면, 양자 상태가 0과 1을 오가는 라비 진동Rabi oscillations이 유도됩니다. 또한 마이크로파의

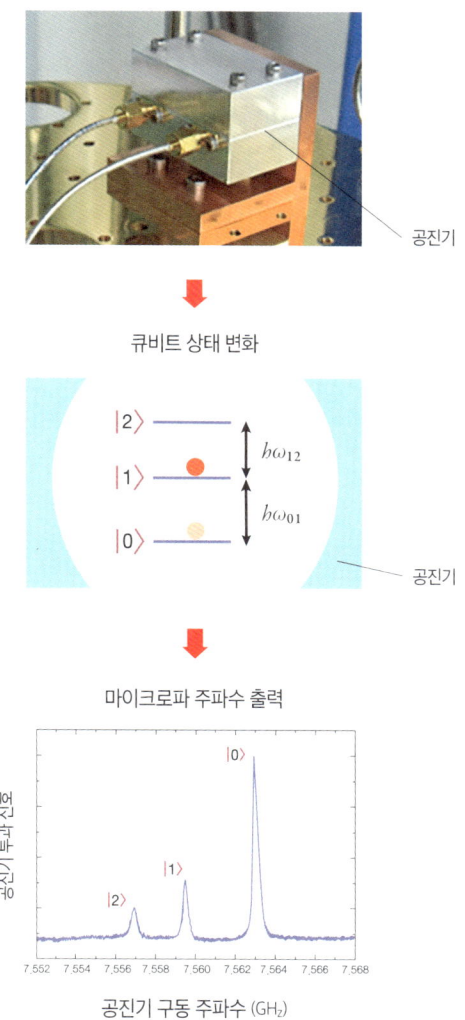

그림 3-11 ▶ 마이크로파 공진기를 이용한 큐비트 제어

세기와 조사 시간 등을 정밀히 조절함으로써, 0과 1 사이의 중첩 상태도 원하는 대로 구현할 수 있습니다. 다만, 이론상으로는 라비 진동은 무한히 지속된다고 하지만, 현실에서는 외부 잡음과 환경의 영향으로 진폭이 점차 줄어듭니다. 이는 곧 큐비트의 양자 상태의 수명이 유한하다는 것을 의미합니다.

좋은 양자컴퓨터란?

초전도 큐비트의 성능은 무엇을 기준으로 평가할 수 있을까요? 한 가지 중요한 지표는, 큐비트에 저장된 양자 정보가 얼마나 잘 유지되는지를 나타내는 결맞음 시간입니다. 결맞음 시간이 길수록 큐비트가 더 많은 연산을 정확하고 안정적으로 수행할 수 있습니다. 2013년 예일대의 로버트 쇨코프Robert Schoelkopf가 발표한 논문에 따르면, 초전도 큐비트의 결맞음 시간은 약 3년마다 10배씩 증가하는 추세를 보였습니다.[18] 반도체의 집적도가 무어의 법칙에 따라 약 2년마다 두 배씩 증가한 것에 비하면, 초전도 큐비트 기술은 반도체 기술보다 훨씬 더 빠른 속도로 진행되고 있다고 해도 과언이 아닙니다.

양자컴퓨터 한 대로 구현할 수 있는 큐비트의 수 또한 빠르

---

18 — Devoret MH, Schoelkopf RJ. Superconducting Circuits for Quantum Information: An Outlook. Science. 2013;339(6124):1169-1174. doi:https://doi.org/10.1126/science.1231930

기업	양자컴퓨터 서비스	양자컴퓨터/QPU*	출시 시기	큐비트 수
구글	Google Quantum AI	Sycamore	2019년 10월	53
		Willow	2024년 12월	105
IBM	IBM Quantum	Eagle	2021년 11월	127
		Osprey	2022년 11월	433
		Condor	2023년 12월	1,121
리게티컴퓨팅 (Rigetti Computing)	Rigetti Quantum Cloud Services (QCS)	Aspen-11	2021년 12월	40
		Aspen-M	2022년 2월	80
디웨이브 (D-Wave)	Leap™ Quantum Cloud Service	2000Q	2017년 1월	2,000
		Advantage	2020년 9월	5,000+

*양자처리장치(Quantum Processing Unit): 고전컴퓨터에서 중앙처리장치(Central Processing Unit, CPU)에 해당하는 부분

표 3-1 ▶ 초전도 양자컴퓨터 상용화 현황

게 증가하고 있습니다. 1998년만 해도 큐비트 두 개로 간단한 연산을 수행하는 수준이었으나, 최근에는 수백, 수천 개의 큐비트를 탑재한 초전도 양자컴퓨터까지 등장했습니다(표 3-1). 50개라는 큐비트의 숫자가 기술적 이정표로 여겨지던 시기도 있었죠. 50큐비트 양자컴퓨터가 나오면 당대 최고의 고전 슈퍼컴퓨터를 뛰어넘는 연산 능력을 보일 것이라는 예측이 있었기 때문입니다.[19] 마침내 2019년 구글이 53큐비트의 양자컴퓨터 시커모어Sycamore로 양자우위[20]를 달성했다고 발표하여 큰 화제가 됐

[19] — Preskill J. Quantum Computing in the NISQ Era and beyond. Quantum. 2018;2(2):79. doi:https://doi.org/10.22331/q-2018-08-06-79
[20] — Quantum supremacy. (특정 연산에 있어서) 양자컴퓨터가 고전컴퓨터를 능가하는 현상.

습니다. 양자우위의 정의와 달성 여부를 두고 전문가들 사이에 의견이 엇갈렸지만, 특정 연산에서는 양자컴퓨터가 고전컴퓨터보다 효율적일 수 있다고 널리 받아들여지고 있습니다.

물론 큐비트 수를 늘리는 것만이 능사는 아닙니다. 고전컴퓨터를 구매할 때 트랜지스터 수만 보고 성능을 가늠할 수 없는 것과 마찬가지입니다. 큐비트의 수 외에도 연산 오류의 빈도, 큐비트 간 연결성 등 다양한 요소가 양자컴퓨터 성능에 영향을 끼칩니다. 종합적으로 평가했을 때, 현재 가장 앞선 초전도 양자컴퓨터는 2024년 12월 구글에서 공개한 윌로Willow라고 할 수 있습니다. 105개 큐비트로 이루어진 윌로는 '규모 확장성 있는 양자 오류 정정scalable quantum error correction'을 구현했다고 평가받습니다. 윌로가 등장하기 전까지는 연산에 활용하는 큐비트 수가 늘어나면 어쩔 수 없이 오류율도 함께 늘어난다고 여겨졌죠. 그러나 윌로는 큐비트 수가 늘어남에 따라 오히려 오류율은 감소할 수 있다는 새로운 가능성을 보여주었습니다.

양자컴퓨터 선도 기업 중에는 객관적으로 기술력을 입증하고 시장의 신뢰를 얻기 위해 자체적으로 성능 지표를 개발하는 곳도 있습니다. IBM은 큐비트 수와 오류율을 복합적으로 고려한 양자 부피quantum volume를, 아이온큐는 여러 개의 큐비트 중 연산에 적극적으로 참여한 개수를 측정한 알고리듬 큐비트algorithmic qubit를 성능 지표로 활용합니다.

큐비트 하드웨어의 성능만큼 중요한 것은 그것을 어디에 활용해서 현실적인 가치를 만들어내는가입니다. 양자컴퓨터가 유용한 문제를 해결할 수 있도록 구체적인 과제를 정의하고 효율적인 연산 방식을 설계하는 것이 양자 알고리듬의 역할이죠. 양자 하드웨어는 뛰어난 알고리듬을 만났을 때에야 진가를 발휘하므로, 양자 알고리듬을 개발하고 이를 다양한 분야에 응용하는 일 역시 매우 중요합니다.

미국표준기술연구소National Institute of Standards and Technology, NIST는 최신 양자 알고리듬 정보를 체계적으로 정리한 데이터베이스인 '양자 알고리듬 동물원Quantum Algorithm Zoo'을 운영 중입니다.[21] 여기에는 소인수분해에 특화된 쇼어 알고리듬, 검색 문제에 특화된 그로버 알고리듬Grover's algorithm 등 60개 이상의 양자 알고리듬이 포함돼 있습니다. 연구자들은 이 데이터베이스를 통해 양자 알고리듬 각각의 특성과 작동 원리를 살펴보고 응용처를 발굴하거나 새로운 알고리듬을 개발하는 데 참고합니다.

2018년 보스턴컨설팅그룹Boston Consulting Group, BCG에서 발표한 보고서는 양자 알고리듬의 실용화 가능성을 평가하는 핵심 요소로 연산 속도와 강건성robustness을 꼽았습니다.[22] 여기서 연산 속도란 특정 문제를 해결할 때 고전컴퓨터에 비해 양자 알고리듬이 얼마나 빠른지 나타내는 지표이며, 강건성은 잡음이나

---

21 — Jordan S. Quantum Algorithm Zoo. https://quantumalgorithmzoo.org/
22 — The Next Decade in Quantum Computing—and How to Play. BCG Global. Published November 15, 2018. https://www.bcg.com/publications/2018/next-decade-quantum-computing-how-play

오류에 견디는 정도를 의미합니다. 이 두 가지 기준에 따라 양자 알고리듬을 분류하면, 잡음에 민감하지만 뛰어난 연산 속도를 보이는 '순수혈통purebred' 유형과 고전 알고리듬에 비해 속도는 빠르지 않지만 강건성이 뛰어난 '일꾼workhorse' 유형으로 분류할 수 있습니다.

양자컴퓨터 생태계 형성에 중요한 또 다른 요소는 클라우드 서비스입니다. 현재 IBM, 구글, 아이온큐, 리게티 등 해외 선도 기업은 인터넷을 통해 양자 연산 서비스를 원격으로 제공하고 있습니다. 덕분에 양자컴퓨터를 직접 소유하지 않아도, 그리고 하드웨어 구조나 작동 원리를 깊이 이해하지 못하더라도, 알고리듬만 잘 설계하고 활용하면 다양한 문제를 해결할 수 있습니다. 구글의 초전도 양자컴퓨터로 아주 작은 분자의 결합 에너지를 계산하거나, 아이온큐의 이온트랩 양자컴퓨터로 물 분자의 바닥 상태 에너지를 예측하는 등, 화학 시뮬레이션 분야에서 클라우드 서비스를 활용해 실질적인 성과를 거두고 있습니다.

양자 강국을 향한 도전, 한국의 현주소는?

우리나라는 미국을 비롯한 양자컴퓨터 선도국에 비하면 늦은 편이지만, 그렇다고 따라잡을 수 없는 수준은 아닙니다. 우리나라 정부는 2014년부터 양자 과학기술 분야를 지원하기 시작

비전	디지털을 넘어 퀀텀의 시대로 2035년까지 양자경제 선도국 도약
기본방향	R&D를 넘어 산업화로 퀀텀 이니셔티브 본격 추진으로 신속한 성과 도출
10대 핵심 추진 과제	■ 전략적 R&D와 인재 양성을 통한 핵심 역량 확보 ① 실패를 허용하는 혁신도전형 R&D 추진 ② 코어 기술 격차 해소를 위한 대규모 플래그십 프로젝트 착수 ③ 양자전문·기술융합 인력 양성 및 해외 우수 인재 유치 ■ 기초·원천 연구를 넘어 양자 산업화 기반 마련 ④ 양자 SW·알고리듬 개발로 양자이득 조기 실현 ⑤ 양자 소부장 산업 육성으로 글로벌 시장 선점 ⑥ 양자 스타트업 성장 지원으로 양자 유니콘 창출 ⑦ 퀀텀 파운드리 및 테스트 베드 등 인프라 구축 ■ 글로벌 협력과 기술 안보 확보 ⑧ 글로벌 양자과학기술 협력 주도 ⑨ 글로벌 양자기술 협력 거점 구축 ⑩ 양자기술안보 확보 및 민군협력 R&D

표 3-2 ▶ 한국 정부의 '퀀텀 이니셔티브'

했고, 양자컴퓨터, 양자 센서, 양자 통신 등 주요 기술뿐 아니라 양자 연구 개발 생태계 조성에 이르기까지 투자를 꾸준히 확대해왔습니다. 2025년 3월에는 10대 핵심 추진 과제를 담은 '퀀텀 이니셔티브'를 발표한 바 있죠(표 3-2). 이를 통해, 연구 개발을 넘어 산업화의 기반을 마련하여 세계 양자 시장에서 주도권을 잡겠다는 정부의 의지를 엿볼 수 있습니다.

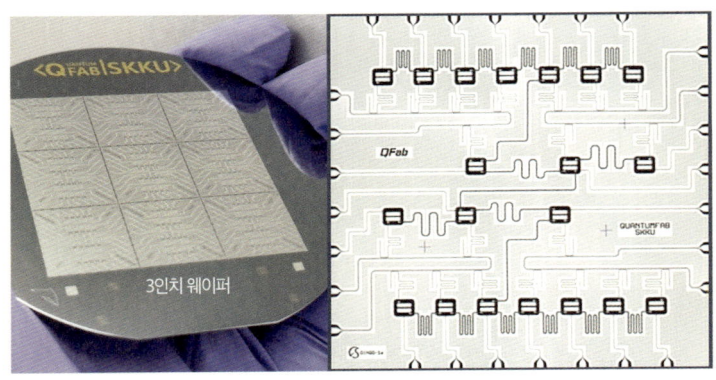

그림 3-12 ▶ 성균관대 양자팹QFab에서 제조한 20-큐비트 초전도 칩 GINQO-1

한국은 특히 양자 제조 분야에서 잠재력이 큽니다. 양자 하드웨어를 만들기 위해서는 기존의 반도체 기술이 필요한데, 한국은 세계 최고 수준의 반도체 제조 기술을 갖추었기 때문입니다. 활용할 수 있는 제조 인프라가 많다는 것은 분명히 큰 이점이죠. 다만 반도체 산업이 지나치게 성숙한 상태라, 아직 초기 단계인 양자 산업계는 오히려 아쉬운 입장입니다. 예를 들어, 양자 소자 제조에는 보통 2~4인치 소형 웨이퍼가 필요한데, 이는 집적도가 낮았던 과거 반도체 공정에서 사용하던 규격입니다. 국내 반도체 공정은 대부분 8인치 이상의 대형 웨이퍼에 맞춰져 있어서, 2~4인치 웨이퍼를 다룰 수 있는 제조 시설은 현재 찾아보기 힘듭니다.

국내 양자 소자 제조는 주로 첨단 나노 공정 시설을 보유한 한국나노기술원Korea Advanced Nano Fab Center, KANC에서 이뤄지고,

특수 소재 공정이나 소규모 웨이퍼 제조는 성균관대에서도 담당하고 있습니다. 두 시설은 멀지 않은 곳에 위치해 있어서 훌륭한 양자 제조 클러스터를 형성하고 있는 셈입니다. 현재 운영 중인 양자팹QFab은 초전도 소자 개발자가 설계를 마친 파일을 전달하면, 1~2개월 내에 양자 칩을 완성할 수 있는 체계를 갖추고 있습니다(그림 3-12).

무엇보다 가장 큰 문제는 인재난입니다. 현재 국내에는 정부가 추진하고 있는 양자 기술 과제를 이끌 만한 인력이 절대적으로 부족합니다. 해외 전문 인력을 유치하는 동시에 국내 인재를 육성하려는 노력이 절실한 상황입니다. 다행히 초전도 소자 제조는 반도체 공정과 유사한 덕분에, 반도체 분야에서 잘 훈련된 국내 젊은 인력을 짧은 시간 내에 초전도 소자 제조로 전환하여 우수한 역량을 발휘하게 할 수 있습니다.

게다가 젊은 학생들은 클라우드 활용법과 프로그래밍을 습득하는 속도가 굉장히 빠릅니다. 실제로 양자 회로 설계에서 연산 실행까지 직접 수행할 수 있도록 학생들을 교육하면, 얽힘과 중첩 개념을 본능적으로 받아들입니다. 이런 경험과 인재가 쌓이면, 양자 제조뿐만 아니라 양자 알고리듬 분야에 이르기까지 우리나라의 잠재력을 충분히 기대할 수 있을 것입니다.

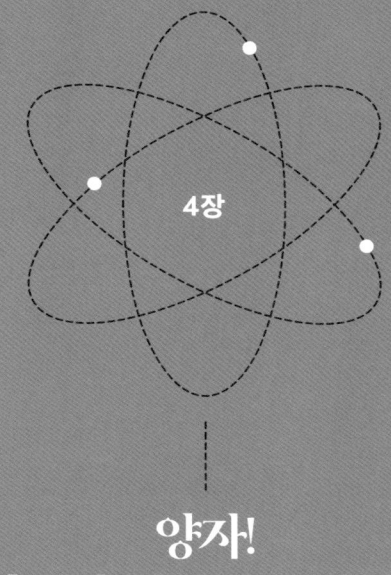

4장

양자!
나노와 디지털을 넘어…

• 김재완 •

김재완

한국표준과학연구원KRISS 초연결확장형슈퍼양자컴퓨팅 전략연구단
단장·국가특임연구원, 미래양자융합포럼 공동의장

前 고등과학원KIAS 양자우주연구센터 석학교수
前 고등과학원KIAS 교수, 부원장
前 삼성종합기술원SAIT 전문연구원

양자 정보과학의 개척자

최근 양자 정보과학의 응용 기술인 양자컴퓨터, 양자 암호 통신, 양자 센싱, 양자 계측, 양자 이미징 등에 대한 관심이 높아지고 있습니다. 이런 분위기를 반영하듯, 2012년 노벨물리학상은 단일 양자계를 제어하고 측정하는 데 성공한 세르주 아로슈Serge Haroche와 데이비드 와인랜드David J. Wineland에게 돌아갔습니다. 그 후 10년이 지나, 2022년 노벨물리학상은 양자 얽힘이 성립된다는 것을 보여준 존 클라우저John F. Clauser, 알랭 아스페Alain Aspect, 안톤 차일링거Anton Zeilinger에게 돌아갔습니다. 2023년에는 양자 암호와 양자 원격전송 개념을 제안한 질 브라사르Gilles Brassard와 찰스 베넷Charles H. Bennett, 양자 소인수분해 알고리듬을 만든 피터 쇼어Peter Williston Shor, 양자 병렬 알고리듬을 만든 데이비드 도이치David Elieser Deutsch가 브레이크스루 기초물리학상Breakthrough Prize in Fundamental Physics을 수상했죠. 그리고 2025년 노벨물리학상은 초전도 회로에서 터널 효과를 실험으로 증명한 존 클라크John Clarke, 미셸 드보레Michel H. Devoret, 존 마르티니스John M. Martinis에게 수여되었습니다. 이들은 모두 20세기 중후반부터 양자 정보과학의 발전을 이끈 개척자입니다(그림 4-1).

2012년
노벨물리학상

세르주 아로슈   데이비드 와인랜드

2022년
노벨물리학상

존 클라우저   알랭 아스페   안톤 차일링거

2023년
브레이크스루
기초물리학상

질 브라사드   찰스 베넷   피터 쇼어   데이비드 도이치

2025년
노벨물리학상

존 클라크   미셸 드보레   존 마르티니스

그림 4-1 ▶ **양자 정보과학 분야 개척자**

양자물리학의 탄생

양자 정보과학이 출현하기에 앞서 20세기 초중반에는, 노벨 물리학상이 양자물리학을 완성한 물리학자들에게 주로 수여되었습니다. 그리고 오늘날 양자 정보과학의 근간을 이루는 많은 개념이 양자물리학의 난제를 해결하는 과정에서 탄생했죠. 양자 정보과학에 대한 이해를 돕기 위해, 먼저 양자물리학의 발전 과정을 살펴보겠습니다.

양자물리학이 등장하기 전에는 17세기 후반 아이작 뉴턴 Issac Newton에게서 시작된 고전물리학이 과학의 주류였습니다. 뉴턴 역학은 태양계 행성의 운동을 정확하게 설명하고 예측함으로써, 자연현상 대부분이 고전물리학으로 설명되리라는 믿음을 낳았죠. 피에르시몽 라플라스Pierre-Simon Laplace는 뉴턴 역학을 기반으로 결정론적 세계관determinism을 제창했습니다. 라플라스의 결정론은 고대에서 중세까지의 철학자들이 주로 직관적이고 철학적인 방식으로 주장해온 결정론과 달리, 수학적 계산에 기반했다는 점에서 현대적 접근으로 평가받습니다. 빛을 파동으로 설명하고, 전기와 자기 현상을 통합하여 전자기학 법칙을 완성한 제임스 클러크 맥스웰James Clerk Maxwell도 고전물리학을 대표하는 인물 중 하나입니다. 그가 정립한 맥스웰 방정식Maxwell's equations은 초기 조건을 알면 전자기 현상의 미래 상태를 예측할 수 있는 결정론적 체계입니다.

하지만 20세기를 앞두고 고전물리학의 한계가 드러나는 현상이 잇따라 발견됩니다. 대표적인 예가 흑체 복사blackbody radiation입니다(그림 4-2A). 흑체란 외부에서 들어오는 에너지를 일절 반사하지 않고 완벽하게 흡수하는 이상적인 물체로, 열 평형 상태에서 특정 파장대의 빛을 방출합니다. 그런데 고전물리학으로는 흑체 복사 스펙트럼을 제대로 설명할 수 없습니다. 고전물리학적 계산에 따르면 파장이 짧을수록 흑체 복사 에너지가 무한대로 커져야 하는데, 실제 실험에서는 파장이 짧은 자외선 영역에서 복사에너지가 감소하기 때문입니다. 이 모순적인 현상을 과학자들은 자외선 파탄ultraviolet catastrophe이라고 불렀습니다.

마침내 1900년 막스 플랑크Max Planck가 '양자quantum'라는 개념을 도입함으로써 자외선 파탄 문제를 해결합니다. 흑체에서

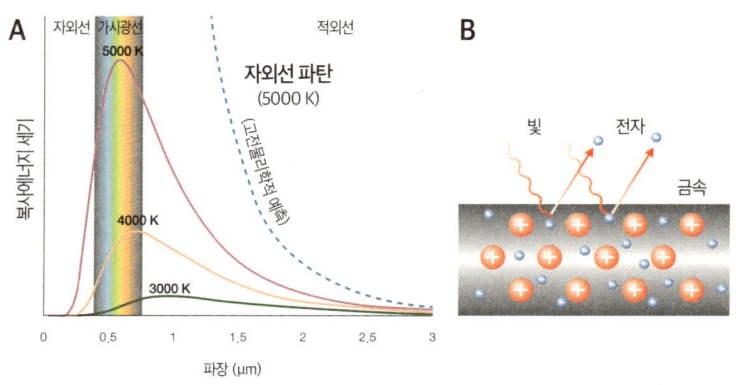

그림 4-2 ▶ 고전물리학의 난제: 흑체 복사(A)와 광전 효과(B)

복사되는 빛에너지의 양은 연속적이지 않고, 최소 단위의 정수 배로 덩어리를 이룬다고 가정한 것이죠. 여기서 플랑크는 빛에너지의 최소 단위를 '양量, quantity'을 뜻하는 라틴어 'quant'에 명사형 어미 '-um'를 붙여 '퀀텀quantum'이라고 명명했습니다. 빛에너지가 불연속적인 덩어리라는 전제 아래 흑체 복사 스펙트럼을 계산해보니, 관측 값과 일치했습니다.

고에너지를 지닌 빛을 받은 금속에서 전자가 방출되는 광전효과photoelectric effect 역시 빛을 파동이라고 보는 고전물리학으로는 설명하기 힘든 현상입니다(그림 4-2B). 하지만 빛을 입자particle라고 가정하면, 빛 알갱이가 금속에 있는 전자를 때려서 튀어나오게 한다고 해석할 수 있죠. 이게 바로 1905년 앨버트 아인슈타인Albert Einstein이 제안한 광양자설light quantum hypothesis입니다. 빛 알갱이는 훗날 광자photon라고 불립니다. 1913년 닐스 보어Niels Bohr는 원자 핵 주변을 도는 전자의 궤도가 양자화되었다는 가설을 세웠고, 수소 원자가 흡수하거나 방출하는 빛이 몇 가지 특정한 파장으로만 나타나는 이유를 설명할 수 있었습니다. 고전물리학의 틀을 깨고 양자물리학의 시대를 연 공로로 플랑크, 아인슈타인, 보어는 각각 1918년, 1921년, 1922년에 노벨 물리학상을 수상합니다.

1920년대는 지금 우리가 알고 있는 현대 양자물리학의 토대가 마련된 시기입니다. 1923년 루이 드 브로이Louis de Broglie는 전자와 같은 입자도 파동처럼 행동할 수 있다는 물질파matter wave

이론을 제시했습니다. 이어서 1925년에는 베르너 하이젠베르크Werner Karl Heisenberg, 막스 보른Max Born, 파스쿠알 요르단Ernst Pascual Jordan이 양자물리학을 기술하는 수학적 틀로서 행렬역학matrix mechanics을 발표합니다.

1926년에는 에르빈 슈뢰딩거Erwin R. J. A. Schrödinger가 드 브로이의 물질파 개념에 착안해, 전자의 움직임을 파동함수로 기술하는 슈뢰딩거 방정식Schrödinger equation을 선보이며 파동역학wave mechanics을 정립했죠. 슈뢰딩거는 행렬역학과 파동역학이 서로 다른 수학적 언어를 사용하지만 결국 동일한 물리적 현상을 설명하는 등가equivalent 이론임을 증명하기도 했습니다. 그리고 1927년 하이젠베르크가 입자의 위치와 운동량을 동시에 정확하게 측정할 수 없다는 불확정성 원리를 발표합니다. 드 브로이, 하이젠베르크, 슈뢰딩거, 보른은 각각 1929년, 1932년, 1933년, 1954년 노벨물리학상을 받았습니다.

양자물리학은 다른 과학 분야가 현대적으로 재정립되는 데도 큰 영향을 끼칩니다. 예를 들어, 연금술에 뿌리를 두고 물질에 대한 경험적 이해를 바탕으로 발전한 화학은 양자물리학 덕분에 원자와 분자의 구조를 이론적으로 규명할 수 있었고, 더욱 정량적이고 체계적인 학문으로 거듭났습니다. 생물학에서는 생명 현상을 분자 수준에서 탐구하는 분자생물학 시대가 열립니다. 빛에너지를 이용해 양분을 생성하는 식물의 광합성, DNA와 단백질 같은 생체 분자의 작동 원리, 사물을 보고 냄새를 맡고

맛을 느끼는 인간의 감각 처리 과정 모두 양자물리학의 틀에서 이해할 수 있습니다. 이렇게 양자물리학은 과학계 전반에서 자연현상을 바라보는 새로운 패러다임으로 자리 잡았습니다.

제1차 양자혁명: 반도체 미세화와 하드웨어 혁신

실생활과 밀접한 응용 분야에서는 양자물리학이 반도체 소자와 레이저 개발로 이어져 20세기 정보통신 기술을 획기적으로 발전시킵니다. 그 일련의 과정을 제1차 양자혁명이라고 하죠. 이 시기의 특징은 양자물리학이 주로 하드웨어를 개선하는 데 활용됐다는 점입니다. 원자와 분자, 반도체나 금속의 양자적 성질에 대한 이해를 바탕으로 고체물리학이 발전하고, 전자 소자와 물질 구조를 '작게, 더 작게' 구현하는 나노 기술이 빠르게 성장합니다. 나노미터는 미터의 10억 분의 1에 해당하는 단위로, 원자나 분자의 크기를 논할 때 주로 사용됩니다. 예를 들어, 벤젠 분자나 다이아몬드를 이루고 있는 탄소 원자 사이의 거리는 0.12~0.15나노미터 정도입니다.

1959년 리처드 파인만$^{Richard\ P.\ Feynman}$은 "바닥에는 아직 여유가 많다$^{There\ is\ plenty\ of\ room\ at\ the\ bottom}$"라는 말을 남기며, 나노 기술의 가능성을 일찌감치 내다봤습니다. 산업계에서는 1965년 인텔의 창업자 고든 무어$^{Gordon\ E.\ Moore}$가 반도체 칩에 들어가는 트랜지스터의 수가 약 1년 반마다 두 배로 늘어난다는 경험 법칙, 이른바 무어의 법칙Moore's Law을 발표했죠. 놀랍게도 지난 수십 년간 반도체 미세화 속도는 이 법칙에서 크게 벗어나지 않았습니다. 1940년대에 발명될 당시에는 수 센티미터 크기였던 트랜지스터가 이제는 나노미터로 작아졌습니다. 파인만의 예견이 반도체 산업의 눈부신 발전을 통해 현실로 입증된 셈입니다.

그런데 트랜지스터 크기를 줄이는 과정에서 양자물리학이 왜 중요할까요? 터널 효과tunnel effect를 예로 들어 설명해보겠습니다. 터널 효과란 전자가 얇은 절연체 장벽을 통과하는 현상으로, 트랜지스터 내부에서 원자 간의 거리가 수 나노미터 이하로 좁혀졌을 때 관찰됩니다. 고전물리학 관점에서 전자는 하나의 입자이며, 충분한 에너지가 없을 경우 절연층 같은 장벽을 넘지 못하고 튕겨 나와야 합니다(그림 4-3A). 반면, 양자물리학이 지배하는 미시 세계에서 전자는 파동의 성질을 가지며, 파동함수에

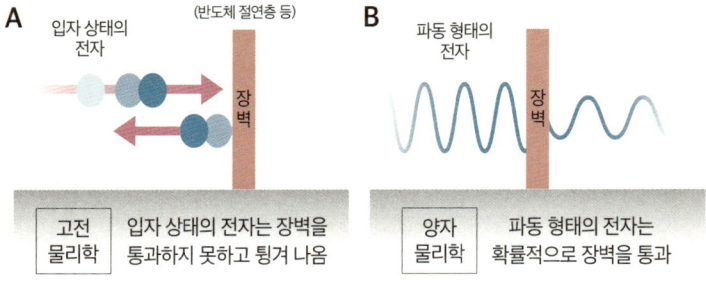

그림 4-3 ▶ **터널 효과**

의해 특정한 위치에 존재할 확률이 결정됩니다. 만약 절연체 장벽이 충분히 얇다면, 전자의 파동함수는 장벽을 만나 서서히 감소하면서도 완전히 0이 되진 않습니다. 즉, 에너지가 낮은 전자도 절연체 장벽 너머의 공간에 확률적으로 존재할 수 있다는 것입니다(그림 4-3B). 터널 효과로 인해 누설 전류가 발생하면, 트랜지스터가 꺼진 상태에서도 원치 않는 전력이 소모되고 회로 오작동 위험이 높아집니다. 따라서 반도체 미세화가 고도화될수록, 회로 내 전류를 정밀하게 제어하거나 트랜지스터 구조를 최적으로 설계하려면 터널 효과 같은 양자적 현상에 대한 깊은 이해가 반드시 필요합니다.

제2차 양자혁명: 디지털 정보에서 양자 정보로

무어의 법칙이 수십 년간 잘 작동해오긴 했지만, 이제는 종착점에 가까워졌습니다. 나노 기술이 아무리 발전하더라도, 트랜지스터를 물질의 최소 단위인 원자보다 작게 만들 수는 없기 때문입니다. 앞으로의 반도체 기술은 물리적 미세화에 의존하던 기존 방식에서 벗어나 완전히 새로운 돌파구를 찾아야 하는 상황이죠. 실리콘을 대체할 신소재를 발굴하고, 소자나 회로 구조를 변경하여 성능을 향상시키는 연구가 활발히 이뤄지고 있습니다.

이런 하드웨어 차원의 노력과 더불어, 정보 처리 방식 자체에도 변화가 필요합니다. 현재 사용하는 정보통신 인프라에서 하드웨어를 제외하면 소프트웨어나 운영체제는 양자물리학과 무관한 디지털 정보를 다룹니다. 디지털 정보의 단위인 비트[bit]는 2진수[binary digit]의 줄임말로, 서로 배타적인 두 가지 가능성 중 하나를 나타냅니다. 흑백, 앞뒤, 위아래, 좌우, 남녀, 노소, 음양 등 사람들은 실제로 두 가지 중 하나를 표현하는 데 익숙하죠. 스무고개는 '예, 아니오'로만 답하여 2^{20}, 즉 100만 가지 이상을 구분할 수 있는 디지털 놀이입니다. 법정이나 청문회에서도 '예, 아니오'로만 답하라는 디지털적 신문 과정을 흔히 볼 수 있습니다. 비트 한 개가 나타내는 정보를 0 또는 1이라고 하면, 비트 두 개로는 00, 01, 10, 11의 네 가지($2^2=4$) 중 하나를, 비트 10개로는 0000000000부터 1111111111까지, 총 2^{10}에 해당하는 1,024가지 경우의 수를 표현할 수 있습니다.

디지털 정보 이론은 20세기 중반 앨런 튜링[Alan M. Turing], 클로드 섀넌[Claude E. Shannon] 같은 선구자가 고전물리학의 틀을 바탕으로 구축한 것입니다. 트랜지스터가 비교적 컸던 과거에는 양자적 현상은 큰 문제가 아니었습니다. 어느 정도까지는 미세화를 통해 집적도를 높이고, 그만큼 더 많은 디지털 정보를 더 빠르게 처리할 수 있었죠. 하지만 21세기에 들어서면서 미세화가 극한에 다가가자, 양자물리학의 영향력을 걱정해야 하는 상황이 되었습니다. 불확정성 원리가 지배하는 미시 세계에서는 0과 1

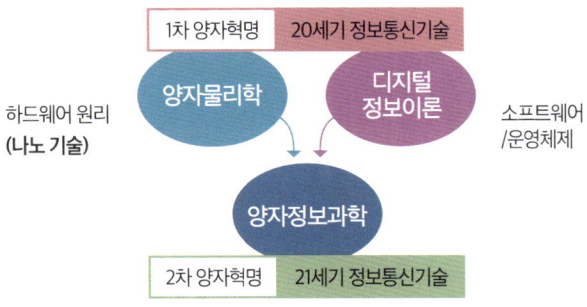

양자물리학을 하드웨어, 소프트웨어/운영체제 전반에 적용
(양자컴퓨터, 양자암호, 양자센서, 양자계측, 양자이미징)

그림 4-4 ▶ 제2차 양자혁명

의 구분조차 모호해져 디지털 정보의 안정성이 위협받을 수 있기 때문입니다.

다행히 양자물리학과 정보 이론이 결합한 양자 정보과학이 새로운 가능성을 보여주고 있습니다. 양자 정보과학의 핵심은 디지털 방식에서는 불리하게 작용할 수 있는 양자적 현상을 피하지 않고, 오히려 적극적으로 이용해서 정보 자체를 양자 상태로 표현하고 처리하는 것입니다. 소프트웨어와 운영체제를 양자물리학의 원리대로 구현하는 것도 양자 정보과학의 영역입니다. 이처럼 하드웨어를 넘어 정보통신 기술을 구성하는 요소에 전반적으로 양자물리학을 적용하는 최근 추세를 제2차 양자혁명이라고 합니다(그림 4-4).

중첩: 디지털에서는 틀리고, 양자에서는 맞는…

앞에서도 살펴보았듯, 양자 정보의 단위인 큐비트^{qubit}는 0과 1을 중첩하여 동시에 나타낼 수 있습니다. 디지털과 양자 정보의 근본적인 차이를 비유를 들어 설명해보겠습니다.

다소 이분법적이긴 하지만, 사람을 남자/여자 혹은 어른/아이로 구분한다고 합시다. 어떤 사람이 길을 가는데, 검문소가 연이어 두 곳이 있습니다. 첫 번째 검문소는 남자는 출입 금지라서 여자만 통과할 수 있고, 두 번째 검문소는 여자가 출입 금지라서 남자만 통과할 수 있습니다(그림 4-5A). 그렇다면 이 두 검문소를 모두 통과할 수 있는 사람이 있을까요? 논리적으로는 불가능합니다.

만약 두 검문소 사이에 아이 출입 금지인 검문소를 하나 더 설치한다면, 검문소 세 개를 모두 통과하는 사람이 있을까요? 역시 논리적으로 불가능합니다(그림 4-5B). 첫 번째 검문소를 통과한 여자는 어른일 수도 있고, 아이일 수도 있습니다. 만약 여자 어른이라면 중간 검문소를 통과할 것입니다. 하지만 중간 검문소를 통과한 어른은 절대 남자일 수 없기 때문에 세 번째 검문소는 통과할 수 없습니다. 이것이 바로 디지털 논리입니다.

이와 달리, 양자물리학적 사고에서는 중간 검문소를 통과하는 사람이 남자일 수도, 여자일 수도 있습니다. 만약 남자라면 마지막 검문소까지 통과할 수 있겠죠(그림 4-5C). 검문소가 두 개 있

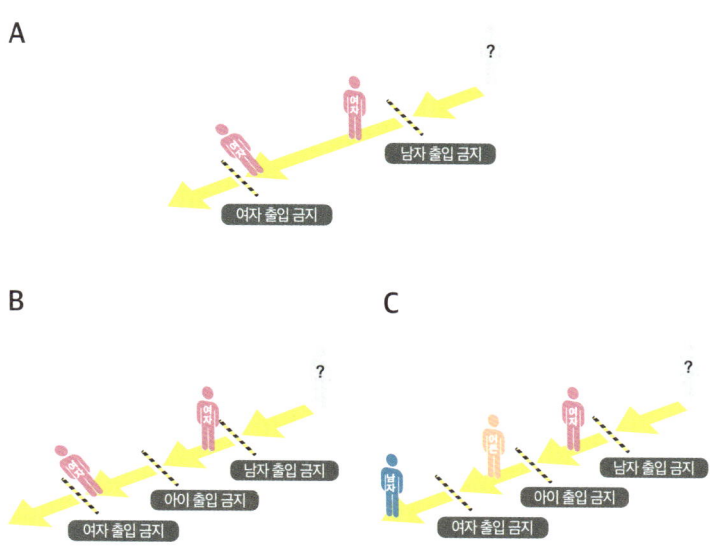

그림 4-5 ▶ 디지털(B) vs. 양자물리학(C) 논리

을 때는 아무도 통과하지 못하는데 검문소를 하나 더 세우니 끝까지 통과하는 사람이 생기다니, 받아들이기 힘든 결론입니다.

이제 사람 말고 편광polarization 현상을 통해 양자물리학적 사고를 이해해봅시다. 빛은 전자기파의 일종입니다. 진행 방향과 수직한 평면에서 전기장이 진동하면 그에 따라 자기장이 변하고, 다시 진동하는 자기장이 주변 전기장을 변화시키는 과정을 반복하면서 전파됩니다(그림 4-6A). 전기장과 자기장은 서로 수직 방향으로 진동하며, 특히 전기장의 진동 방향을 기준으로 편광 방향을 결정합니다. 자연광이나 백열등, 형광등에서 나오는

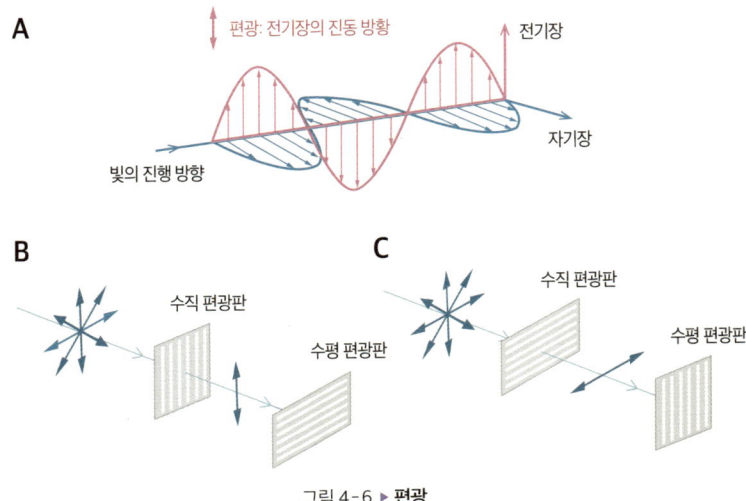

그림 4-6 ▶ **편광**

빛은 전기장이 사방팔방으로 진동하는 비편광 전자기파인데, 이를 편광판polarizer에 통과시키면 특정한 방향으로 진동하는 전기장 성분만 남아 편광된 빛으로 바뀝니다. 그리고 이렇게 편광된 빛은 진동 방향과 수직인 편광판을 만나면 더 이상 통과할 수 없습니다(그림 4-6B, C).

편광 방향은 빛의 진행 방향에 수직한 2차원 평면에서 정의되며, 서로 직교하는 방향 성분 두 개로 분해하여 표현할 수 있습니다. 수직/수평 혹은 $-45°/+45°$ 방향을 기본 성분으로 잡을 수 있죠. 여기서 수직과 수평 방향으로 진동하는 빛을 각각 남자와 여자, $-45°$와 $+45°$ 방향으로 진동하는 빛을 각각 어른과 아이에 비유해봅시다(그림 4-7). 그러면 수평 편광판은 '남자 출입

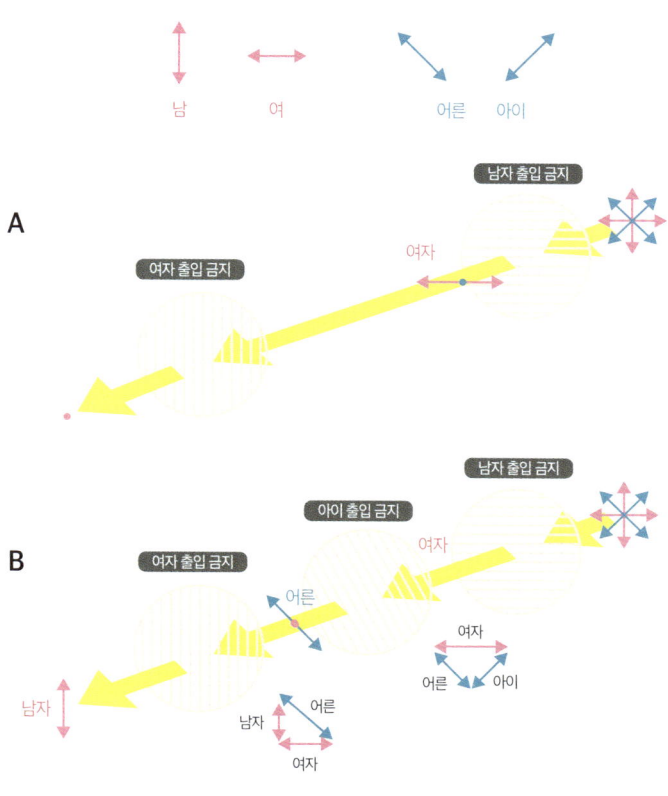

그림 4-7 ▶ **편광 현상으로 이해하는 양자 중첩**

금지' 검문소, 수직 편광판은 '여자 출입 금지' 검문소, -45° 편광판은 '아이 출입 금지' 검문소가 될 겁니다.

그림 4-5A에서 등장한 사람을 빛으로 바꿔 생각해도 '남자 출입 금지' 검문소(수평 편광판)를 통과한 빛이 '여자 출입 금지' 검문소(수직 편광판)를 통과하는 건 불가능합니다(그림 4-7A). 하지

만 '아이 출입 금지' 검문소(-45° 편광판)를 중간에 추가하면, 놀랍게도 검문소 세 개를 모두 통과하는 빛이 있습니다(그림 4-7B). 이런 일이 가능한 이유는 사람과 달리 빛은 여러 성분이 중첩된 상태이기 때문입니다. 수평으로 진동하는 빛은 -45°와 +45° 방향으로 진동하는 빛이 중첩된 상태입니다. 그래서 첫 번째 검문소를 통과한 '여자'(수평 편광) 빛의 성분 중 '어른'(-45° 편광) 빛이 두 번째 검문소를 통과하고, 다시 그 성분 중 '남자'(수직 편광) 빛이 세 번째 검문소를 통과하는 것이죠.

실제로 수평 편광을 내보내는 LCD 모니터와 편광판을 가지고 실험을 해도 같은 결과가 나옵니다. 모니터에서 나온 수평 편광은 수평 편광판은 통과해도 수직 편광판을 만나면 가로막힙니다(그림 4-8A). 하지만 중간에 -45° 편광판을 놓으면, 마지막에 수직 성분이 수직 편광판을 통과할 수 있습니다(그림 4-8B).

이 실험에서 편광판을 양자 상태 측정 도구라고 생각하면, 양자물리학의 불확정성 원리를 직관적으로 이해할 수 있습니다. 고전물리학에서 측정이란 어떤 물리량이 가진 고정된 불변하는 값을 읽어내는 행위에 불과합니다. 하지만 양자물리학에서 측정은, 측정 대상이 가진 양자 상태를 결정짓는 과정입니다. 측정 전까지 가능한 여러 값이 중첩된 상태로 존재하다가, 측정이 이루어지는 순간 확률에 의해 그중 하나로 결정되는 것입니다. 측정된 후에는 이전에 존재하던 중첩 상태가 어떤 것이었는지 알 수 없고, 그 상태로 돌아갈 수도 없죠. 이를 양자 상태가 붕괴

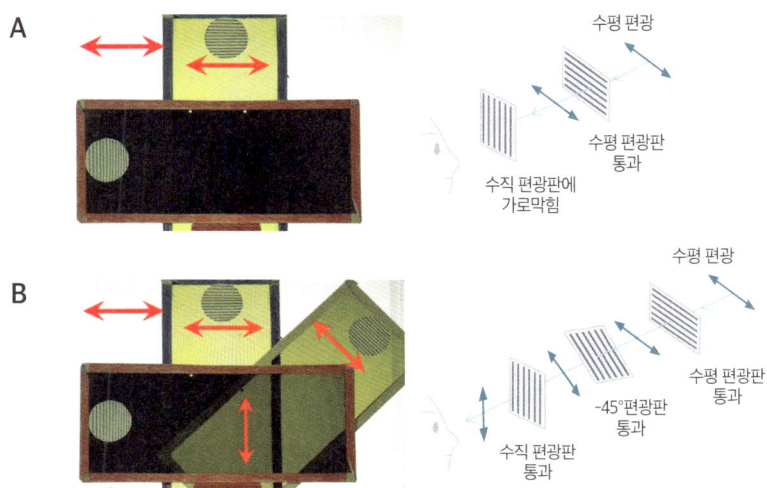

그림 4-8 ▶ **수평 편광을 이용한 실험**

collapse되었다고 표현합니다.

그림 4-8을 양자물리학의 '측정' 관점에서 살펴보죠. 수평 편광은 수직/수평 기준으로 측정할 경우, 100퍼센트 수평 편광으로 관측됩니다. 그러나 -45°/+45° 기준으로 측정하면, -45° 또는 +45° 편광으로 관측될 확률이 반반입니다. -45° 편광은 -45°/+45° 기준에서는 100퍼센트 확률로 -45° 편광으로 관측되지만, 수직/수평 기준에서는 수직 또는 수평 편광으로 관측될 확률이 반반입니다. 그림 4-8B에서 수평 편광이 -45° 편광판을 만나 -45° 상태로 결정되면, 측정 전까지 확률적으로 함께 존재했던 +45° 성분은 측정과 함께 양자 상태 붕괴로 사라집니다. 이

렇게 하나의 상태로 결정된 -45° 편광은 다시 수직과 수평 편광의 중첩 상태로 해석할 수 있습니다. 다음 단계에서 -45° 편광이 수직 편광판을 만나면, 중첩 성분 중 하나인 수직 편광만이 확률적으로 선택되어 수직 편광판을 통과합니다.

수평과 수직 편광을 각각 0과 1에 대응시키면, ±45° 편광은 0과 1의 중첩 상태에 해당합니다. 디지털 정보에서 비트 하나는 0 또는 1 중 하나의 값만 가질 수 있지만, 양자 정보에서 큐비트는 0이면서 동시에 1일 수 있습니다. 이런 차이는 고전컴퓨터와 양자컴퓨터가 연산 공간을 확장하는 방식에 본질적인 차이를 만들어냅니다.

고전컴퓨터에서는 비트 수를 10배, 100배로 늘려 병렬 연산을 해도 연산 공간이 기껏해야 10배, 100배로 늘어납니다. 이와 달리, 양자컴퓨터에서는 큐비트 수를 10배, 100배로 늘리면 중첩 현상 덕분에 연산 공간이 2^{10}배, 2^{100}배로 늘어납니다. 즉, 연산 자원이 증가함에 따라 고전컴퓨터의 연산 능력은 선형적으로, 양자컴퓨터의 연산 능력은 지수함수적으로 향상되는 것입니다.

신은 주사위 놀이를 한다? - EPR 역설과 양자 얽힘

아인슈타인은 양자물리학자 중에서도 결정론적 세계관을

고수했던 인물로 유명합니다. 1920년대 후반 그는 "신은 주사위 놀이를 하지 않는다"라는 말로 확률론적 양자 측정에 강한 불만을 드러냈습니다. 나치의 핍박을 피해 미국으로 망명하여 고등과학원Institute for Advanced Study에 정착했고, 보리스 포돌스키Boris Y. Podolsky, 나탄 로젠Nathan Rosen과 함께 1935년에 아주 중요한 논문을 발표합니다[1]. 공동 저자들의 앞 글자를 따서 'EPR 논문'이라고 널리 알려진 이 연구는 당시 주류였던 코펜하겐 해석Copenhagen interpretation을 반박하는 내용이었습니다.

앞서 그림 4-8에 대한 설명은 사실 코펜하겐 해석에 따른 것입니다. 양자 상태가 여러 기본 상태의 중첩으로 존재하다가 측정에 의해 그중 하나로 확률적으로 결정되며, 측정 직전의 양자 상태는 붕괴되어 측정 직후와 다르다고 보는 관점에 기반한 것이죠. 이 주장을 주도한 인물이 보어였는데, 그의 연구소가 덴마크 코펜하겐에 있었기 때문에 '코펜하겐 해석'이라는 이름이 붙었습니다. 보어를 주축으로 확률적 양자물리학을 지지한 학자들은 '코펜하겐 학파'라고 합니다.

양자물리학이 너무 어려워서 아인슈타인조차 이해하지 못했다는 세간의 이야기는 사실과 다릅니다. 아인슈타인은 오히려 코펜하겐 해석이 무슨 의미인지 너무 잘 알고 있었기에, 확률에

---

[1] — Einstein A, Podolsky B, Rosen N. Can Quantum-Mechanical Description of Physical Reality Be Considered Complete? Physical Review. 1935;47(10):777-780. doi:https://doi.org/10.1103/physrev.47.777

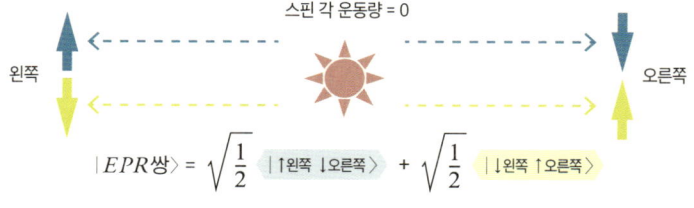

그림 4-9 ▶ 얽힘 관계에 있는 EPR 쌍

기반한 비결정론적 접근 방식을 받아들일 수 없었습니다. 그리고 EPR 논문에서 코펜하겐 해석의 허점을 지적하기 위해 재미있는 사고실험을 고안합니다(그림 4-9).

스핀 각운동량[2]이 0인 입자가 두 개로 쪼개져 각각 왼쪽과 오른쪽으로 날아간다고 가정해봅시다. 쪼개지기 전에 스핀 각운동량은 0이었기 때문에, 쪼개진 후에 두 입자의 스핀 각운동량을 합해도 여전히 0이어야 합니다. 왼쪽 입자가 +1/2(업^{up}) 스핀이면 오른쪽 입자는 -1/2(다운^{down}) 스핀이어야 하고, 반대로 왼쪽이 다운 스핀이면 오른쪽은 업 스핀이 되겠죠. 이렇게 양자 상태가 연계된 두 입자를 사람들은 EPR 쌍이라고 불렀고, 슈뢰딩거는 이들의 특수한 관계를 얽힘^{entanglement}이란 용어로 설명했습니다.

코펜하겐 해석에 따르면, 얽혀 있는 두 입자는 아무리 멀리 떨어져 있어도 한 쪽의 스핀을 측정하는 순간 다른 쪽의 스핀 상

---

[2] — spin angular momentum. 입자가 실제로 회전하지 않아도, 각운동량과 비슷한 수학적 성질을 지니는 고유한 양자적 물리량

태가 결정됩니다. 이런 상황은 어떤 물체나 정보든 빛보다 빨리 전달될 수 없다는 아인슈타인의 특수상대성 이론에 어긋나는 것처럼 보입니다. 또한, 한곳에서 일어난 일이 멀리 떨어진 곳에 즉시 영향을 줄 수 없으며, 물리적 상호작용은 공간적으로 가까운 곳부터 점차 먼 곳으로 전달된다는 국소성^{locality} 원리와도 충돌하는 것처럼 보입니다. 그래서 아인슈타인은 얽힘을 매개로 한 즉각적인 상호작용을 "유령 같은 원격 작용"이라고 비판한 거죠.

그림 4-9 사고실험에 대한 아인슈타인의 결정론적 해석을 숨은 변수$^{hidden\ variable}$ 이론이라고 부릅니다. 그는 두 입자의 스핀 각운동량은 서로 쪼개졌을 때부터 정해져 있었고, 측정이 이루어질 때까지 관측자는 몰랐을 뿐이라고 주장했습니다. 이미 존재하는 양자 상태를 측정 전까지 알지 못하는 까닭은 관측자가 모르는 숨은 변수 때문이라고 설명했죠. 이처럼 아인슈타인은 코펜하겐 해석을 공격하기 위한 의도로 얽힘 개념을 제안했고, 양자물리학은 숨은 변수를 해결하지 못하는 불완전한 이론이라고 여겼습니다. 아쉽게도 아인슈타인 생전에는 코펜하겐 해석과 숨은 변수 이론 중 무엇이 맞는지 실험으로 판별할 방법이 없었습니다.

훗날 1964년 존 스튜어트 벨$^{John\ Stewart\ Bell}$이 벨 부등식$^{Bell's\ inequality}$을 발표하면서 새로운 국면이 찾아옵니다. 벨 부등식은 EPR 논문의 결정론적 해석이 옳고 숨은 변수가 정말로 존재한다면, EPR 쌍 양쪽 입자에 대한 측정 결과가 반드시 만족해야 하는 수식입니다. 그러니까 EPR 쌍을 실제로 측정하여 그 결과가 벨 부등식을 만족한다면 숨은 변수 이론이 맞고, 그렇지 않다면 코펜하겐 해석이 맞다고 결론을 내릴 수 있게 된 것입니다. 1972년 존 클라우저는 실제 측정 결과가 벨 부등식에 위배된다는 사실을 최초로 보고했고, 1980년대에는 알랭 아스페, 1990년대에는 안톤 차일링거 역시 같은 결론을 발표했습니다. 이렇게 검증을 거듭하면서 숨은 변수 이론이 설득력을 잃고, 코펜하겐 해석에 힘이 실렸습니다.

흥미롭게도, 아인슈타인이 양자물리학의 불완전성을 지적하기 위해 제안했던 양자 얽힘이 벨 부등식 검증 과정을 통해 자연에 실재하는 현상임이 밝혀졌습니다. 더 나아가, 얽힘 현상은 양자 암호, 양자 원격전송, 양자컴퓨팅 등 양자 정보과학 기술을 개발하는 핵심 원리로 활용되고 있습니다.

오늘날의 관점에서 아인슈타인의 주장을 다시 살펴보면, 얽힘은 EPR 쌍이 가진 물리량 사이의 '인과관계'가 아니라 '상관관계'를 의미합니다. 한쪽 상태에 관한 정보가 빛보다 빠르게 다른 쪽에 즉시 전달되는 것이 아니기 때문에, 얽힘 현상은 특수상대성 이론이나 국소성 원리와 모순되지 않습니다.

암호 통신: '병 주고 약 주는' 양자물리학

양자물리학은 통신 보안과 '병 주고 약 주는' 관계입니다. 우선 '병을 주는' 이유는 양자컴퓨터가 기존 암호 체계를 무력하게 만들 수 있기 때문입니다. 현재 인터넷이나 금융 거래 등에 쓰이는 암호 체계는 매우 큰 자연수를 소인수분해하기가 어렵다는 사실을 기반으로 합니다. 그러나 어렵다는 것은 상대적인 개념입니다. 같은 수학 문제라도 연산 도구와 방식에 따라 난이도는 달라질 수 있죠. 1994년 피터 쇼어는 양자 알고리듬을 활용하면 고전컴퓨터가 현실적인 시간 안에 풀 수 없는 소인수분해 문제를 빨리 해결할 수 있음을 이론적으로 증명했습니다. 이를 계기로, 양자컴퓨터의 공격에도 견딜 수 있는 이른바 양자 내성 암호 혹은 PQC$^{post-quantum\ cryptography}$를 개발하려는 움직임이 본격화되었습니다.

반대로 양자물리학을 기존 암호를 해독하는 수단이 아니라, 암호를 만드는 데 활용하면 어떨까요? 이 경우, 양자물리학은 도청 불가능한 통신망을 구축하는 '약'이 될 수 있습니다. 특히, 어려운 수학 문제 대신 난수$^{random\ number}$를 기반으로 하는 암호 체계에서 디지털 정보에 비해 양자 정보가 주는 이점은 매우 큽니다. 난수 기반 암호 체계의 가장 일반적인 형태는 '일회용 난수표$^{one-time\ pad,\ OTP}$' 방식입니다. 통신 당사자가 똑같은 난수표를 공유한 후 한 번만 쓰고 완전히 폐기하는 전략이죠. 문제는 디지털 정보로는 유출이나 변조될 위험에서 완전히 자유로운 난수표를 만들기가 어렵다는 점입니다. 하지만 양자 정보는 디지털 정보와 달리 복사가 불가능하고, 양자 상태를 한 번 측정하면 그 상태가 즉시 붕괴하여 누군가가 정보를 가로채려 시도하기만 해도 흔적이 남습니다. 이런 특성 덕분에 양자 암호는 이론적으로 절대 보안을 보장합니다.

1984년 찰스 베넷과 질 브라사르는 양자 암호를 전달하는 양자 키 분배quantum key distribution, QKD 방식을 개발했습니다. 두 사람의 이름과 개발 연도를 조합하여 'BB84'라는 별칭이 붙었죠. 양자 중첩과 측정의 특성을 절묘하게 응용한 BB84의 원리를 그림 4-10을 통해 간단히 살펴보겠습니다. 여기서 앨리스Alice는 난수를 생성하여 보내는 역할을, 밥Bob은 정보를 받는 역할을 합니다.

앨리스는 두 가지 방식을 사용하여, 단일 광자의 편광에 0 또는 1이라는 비트를 실어 보냅니다. 단일 광자를 쓴 이유는 중간에 도청자가 가로채는 것을 방지하기 위해서입니다. 앨리스가 'ㄱ' 방식을 사용할 경우 수평 편광은 0, 수직 편광은 1을 의미하고, 'ㅅ' 방식으로는 +45° 편광이 0, -45° 편광이 1을 뜻합니다. 예를 들어, 앨리스가 1을 'ㅅ' 방식인 -45° 편광으로 보내고 밥 역시 동일한 'ㅅ' 방식으로 받으면, 밥 입장에서는 100퍼센트 -45° 편광으로 측정되어 1을 받은 셈이 됩니다. 하지만 밥이 'ㄱ' 방식으로 받으면 -45° 편광은 수평과 수직 편광의 중첩이

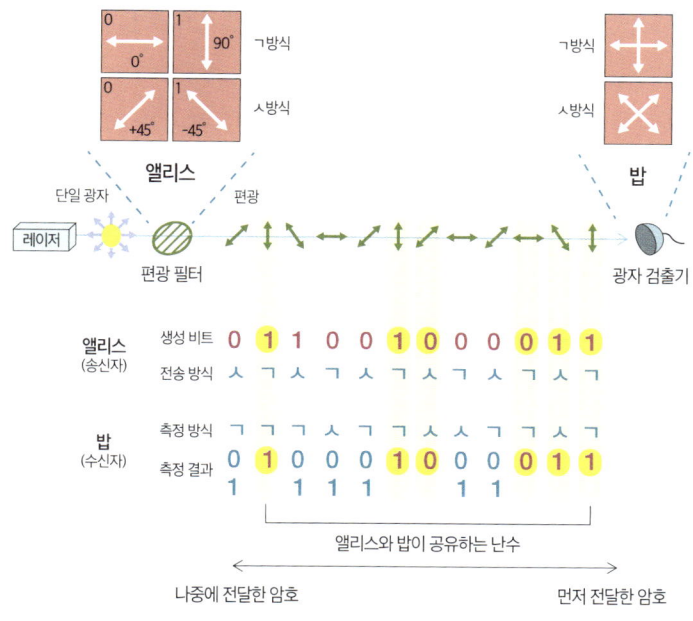

그림 4-10 ▶ BB84 양자 암호 원리

므로, 수평 편광으로 측정되어 0으로 해석될 수도 있고 수직 편광으로 측정되어 1로 해석될 수도 있습니다.

그림 4-10에서 노란색으로 표시한 부분처럼, 앨리스와 밥이 같은 방식으로 보내고 받은 편광은 서로 0과 1 중 어떤 비트를 보내고 받았다고 밝히지 않아도 100퍼센트 같은 비트를 의미합니다. 그러나 앨리스가 보낸 방식과 밥이 받은 방식이 다르면, 50퍼센트의 확률로 서로 다른 비트를 보내고 받아 불확정성 원리가 작동하는 것입니다. 이러한 과정을 반복한 후, 앨리스와

밥이 보낸 비트와 받은 비트를 공개하지 않고 보낸 방식과 받은 방식만 공개하여 같은 방식으로 보내고 받은 비트만 선택하면, 바로 그 비트들이 두 사람이 공유한 난수가 됩니다. 그림 4-10에서 앨리스와 밥이 공유한 난수는 110011입니다.

앨리스와 밥은 비트를 보내고 받는 방식을 무작위로 선택하기 때문에, 혹시 중간에 도청자가 끼어들더라도 두 사람이 'ㄱ'과 'ㅅ' 중에서 어떤 방식을 사용할지 미리 알 수 없습니다. 게다가 도청자의 측정에 의해 양자 상태가 변하면 원래 비트를 변형시키고, 이는 비트 오류로 이어져 도청 사실이 앨리스와 밥에게 발각될 수밖에 없죠. 도청자가 중간에 지나가는 광자를 복제해서 보관했다가, 앨리스와 밥이 보내고 받은 방식이 공개된 후 측정하면 어떨까요? 양자 상태는 복제가 불가능하다는 것이 증명되었기 때문에 이 방법도 소용없습니다. 그러니까 이 양자 암호 통신 방법은 원리적으로 도청이 불가능한, 말 그대로 철통 같은 보안 기술인 셈입니다.

양자 정보과학 기술이 바꿀 미래

20세기에는 원자나 전자, 광자 하나를 다루는 실험은 지극히 까다로운 것이었습니다. 현대 양자물리학이 정립된 이후에도 오랫동안 중첩과 얽힘 같은 양자 상태를 이론적으로 이해하는 수준을 넘어 실제로 구현하는 것은 불가능에 가깝다고 여겨졌죠.

하지만 이젠 양자 상태를 정밀하게 제어하고 활용하는 제2차 양자혁명 시대가 열렸습니다. 앞서 언급했던 양자컴퓨터와 양자 암호통신 외에도, 양자 센싱, 양자 계측, 양자 이미징 같은 혁신적인 기술이 새롭게 등장하여, 디지털 방식으로는 접근하기 어려웠던 초해상도, 초정밀 정보를 수집하고 분석하는 방법을 마련해주고 있습니다.

우리나라도 양자 정보과학 분야에서 의미 있는 성과를 축적하는 중입니다. 그동안 기술과 실험 분야는 한국전자통신연구원[3], 한국표준과학연구원[4], 한국과학기술연구원[5] 등에서, 이론 분야는 고등과학원[6] 등을 중심으로 연구가 이루어졌습니다. 한국표준과학연구원은 세계 최고 수준의 정밀도를 자랑하는 양자 중력 센서를 개발했으며, 성균관대와 함께 2024년 1월 20큐비트 초전도 양자컴퓨터를 시연한 바 있습니다. 연세대는 2024년 10월 국내 최초로 127큐비트 IBM 양자컴퓨터를 도입해 주목받았습니다. SKT와 KT 같은 통신 기업은 한국지능정보사회진흥원[7]과 협력하여 양자 암호통신망을 구축하고 관련 기술의 상업화와 표

---

3 — Electronics and Telecommunications Research Institute, ETRI
4 — Korea Research Institute of Standards and Science, KRISS
5 — Korea Institute of Science and Technology, KIST
6 — Korea Institute for Advanced Study, KIAS
7 — National Information society Agency, NIA

준화에 앞장서고 있죠. 정부 역시 2024년 11월부터 〈양자과학기술 및 양자산업 육성에 관한 법〉을 시행하고, 2025년 3월 양자전략위원회를 출범하는 등 양자 기술 산업 생태계를 조성하고 글로벌 주도권을 잡기 위한 정책을 강화하고 있습니다.

그런데도 한국의 양자 정보과학 기술 분야에 대한 투자는 다른 과학기술 선진국에 비해 아주 미미한 수준입니다. 전 세계적으로 양자컴퓨터 소프트웨어와 알고리듬을 개발하기 위해 치열히 경쟁하는 상황에서, 현재 양자컴퓨터를 쓸 줄 아는 국내 연구자가 수백여 명에 불과한 실정도 안타깝습니다. 연구 개발 투자와 인력 확충이 제대로 이뤄지지 않는다면 기존 연구 인력과 기술마저 해외로 빠져나갈 우려가 있습니다.

물론 양자 정보과학 기술 연구는 전 세계적으로 아직 초기 단계이며, 우리나라 연구 환경과 투자 여건도 조금씩 나아지고 있어서 앞으로의 성장 가능성은 충분합니다. 대학이나 정부출연 연구소 같은 공공 부문 외에 대기업 등 민간 부문의 투자와 참여가 더해진다면, 디지털 기술 분야에서 그랬던 것처럼 양자 정보과학 분야에서도 세계적인 경쟁력을 갖출 수 있을 것입니다.

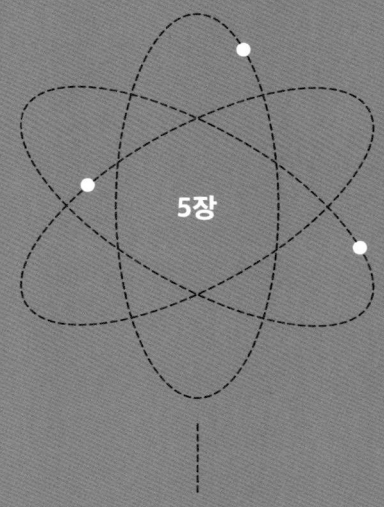

양자컴퓨팅 연구개발과 산업 전략에 대한 토론

• 대담: 김정상, 정연욱, 김준기 | 사회: 현택환, 안정호 •

대담

김정상 듀크대학교 전기컴퓨터공학과·물리학과 교수,
 아이온큐^{IonQ} 공동창립자
정연욱 성균관대학교 양자정보공학과·나노공학과 교수,
 양자정보연구지원센터장
김준기 성균관대학교 양자정보공학과·나노공학과 교수

사회

현택환 서울대학교 화학생명공학부 석좌교수,
 기초과학연구원 나노입자연구단 단장
 최종현학술원 이사
안정호 서울대학교 융합과학기술대학원 교수
 최종현학술원 이사

이 장은 최종현학술원 과학혁신 시리즈 중 양자컴퓨팅 기술 관련 강연과 토론 내용을 재구성해서 작성했습니다.

양자컴퓨터, 상상이 현실이 되다

1982년 리처드 파인만Richard Feynman이 양자컴퓨터의 개념을 제시한 논문을 발표한 후로 40년이 지났는데, 그간 양자컴퓨터의 발전사에서 핵심적인 사건을 한 가지만 꼽는다면 무엇이라고 생각하시나요?

김정상
저는 쇼어 알고리듬의 발견이라고 생각합니다. 양자컴퓨터가 고전컴퓨터에 비해 우월한 성능을 발휘할 수 있다는 걸 증명한 첫 번째 사례이기 때문입니다. 그 전까지는 양자컴퓨터를 만들 수 있다고 해도 정말 쓸모가 있을지 의문이 많았습니다. 그런데 쇼어 알고리듬은 양자컴퓨터의 효용성과 활용 가치를 확실히 보여주었죠. 이후 양자컴퓨터 분야가 보여준 발전은 각각 새로운 발견이라기보다 지속적인 진화 과정이라고 생각합니다. 무어의 법칙에 따라 발전한 반도체 기술도 꾸준히 진화했지만 특정할 만한 획기적인 사건을 찾는 것은 쉽지 않습니다. 양자컴퓨터 기술도 작은 진화가 쌓이면서 가속도가 붙고 발전한 것이라고 생각합니다.

김준기
양자 오류 정정Quantum Error Correction, QEC 알고리듬의 발견도 꼽고 싶습니다. 피터 쇼어는 사실 양자 오류가 수정 가능하다는 것도 증명했습니다. 오류 때문에 양자컴퓨터가 쓸모없을 것이라는 의견이 대다수였던 시절에, 양자 오류를 정정할 수 있다는 발견은 큰 영향을 끼쳤죠. 양자컴퓨터를 대규모 시스템으로 구현해도 오류만 수정하면 잘 작동할 수 있으리라는 기대가 생기면서 연구에도 탄력이 붙었습니다.

  대학원 때부터 지금까지 이 분야의 변화를 계속 지켜본 사람으로서, 구글이나 마이크로소프트 같은 대기업이 양자 기술에 관심을 가지고 투자하기 시작한 것도 또 다른 전환점이라고 생각합니다. 이때부터 굉장히 다양한 사람들이 교류할 수 있었고, 기술 발전에 가속도가 붙었습니다. 기초 연구 중심이었는데 점점 상용화 가능성에 무게가 실리고, 정부가 주도하는 투자도 이어졌죠. 물론 이 모든 일이 한순간에 일어난 변화는 아니지만, 지금은 기술 지형이 놀랄 만큼 빠르게 바뀌고 있습니다. 이 자체가 새로운 시대의 흐름처럼 느껴집니다.

양자 오류란 무엇인가?

지금의 큐비트 기술은 오류를 떼어놓고는 논할 수 없을 것 같습니다. 오류가 없는 큐비트를 구현하는 것은 불가능한가요? 아니면 오류를 보정하는 방법을 찾거나, 어느 정도 오류를 감수하고 문제를 푸는 게 나을까요?

김정상

양자컴퓨터의 오류는 큐비트 자체의 오류와 논리 회로를 실행할 때 발생하는 오류로 나눌 수 있습니다. 대부분의 큐비트 기술에서는 큐비트에 정보를 입력하고 가만히 두면 연산을 하지 않아도 자연적으로 정보가 훼손됩니다. 이게 큐비트 자체의 오류입니다. 여기에다 논리 연산을 하는 과정에서 무언가 조금 틀어져서 오류가 발생할 수도 있죠. 우선 이 둘을 구별해야 합니다.

이온트랩의 경우 큐비트 자체의 오류가 굉장히 적고, 이론적으로는 무한히 줄여갈 수 있다는 장점이 있습니다. 그래서 아이온큐에서는 큐비트 자체의 오류보다는 논리회로의 작동 오류를 줄이는 데 더 집중하고 있습니다.

김준기

고전컴퓨터에서 오류라고 하면 0 또는 1의 정보를 저장할 때 이것이 뒤바뀌거나 소실되는 것을 말합니다. 그런데 양자컴퓨터에서 발생하는 큐비트 오류는 시계 오차에 비유할 수 있습니다. 시계는 6시, 12시만 가리키는 게 아니라 그 사이에 연속적인 시간이 무한히 존재하죠. 현재 시계가 몇 시 몇 분 몇 초를 가리킬 때 얼마나 정확한지를 따지는 것은 양자컴퓨터의 오류를 판단하는 것과 비슷합니다. 1시라고 할 때 정확히 정각이어야 하는데 1시 0.0001초인 것도 관점에 따라서는 오류가 될 수 있습니다. 0.0001초를 벗어난 것도 오류라고 해야 하는지는 사실 기준조차 모호한 상태입니다. 확실한 건 양자컴퓨터의 오류는 고전컴퓨터의 오류와는 다르다는 점입니다. 0 또는 1로 나눠서 '맞다, 틀리다'를 판단하는 방식을 양자컴퓨터에 똑같이 적용할 수는 없기 때문입니다. 그래서 0.01퍼센트의 오류율을 갖고 있는 고전컴퓨터가 0.1퍼센트의 오류율을 갖고 있는 양자컴퓨터보다 더 정확한지 판단하기란 어렵습니다.

최근 몇 년 사이에 오류 정정 기술은 양자컴퓨터 분야의 큰 화두였습니다. 그만큼 많은 기술이 연구되어 발표되고 있습니다. 양자컴퓨터의 최종 목표는 오류 없이 성공적으로 연산을 수행하는 것이기에, 결론적으로 오류를 극복하는 방식은 종합적으로 갈 것 같습니다. 큐비트 단위의 오류도 줄이고, 별도의 오류 보정 기술도 활용하고, 어느 정도 오류가 있는 큐비트로도 적절한 알고리듬을 이용해서 연산 정확도를 최대로 끌어올리는 노력 등 여러 방향으로 연구될 겁니다. 고전컴퓨터와 다른 차원에서 오류를 정의하고, 연산의 정확도와 성능을 가늠하는 양자컴퓨터만의 새로운 개념과 조건이 등장하지 않을까 싶습니다.

큐비트를 구현하기 위한 다양한 도전: 장점만 모아서 쓸 수는 없을까?

양자컴퓨터의 하드웨어를 구현하기 위한 플랫폼으로서 현재 이온트랩, 초전도, 다이아몬드 결함 등 다양한 기술이 연구되고 있습니다. 매우 성격이 다른 접근법이 공존하고 있는 상태죠. 이러한 기술의 경쟁 또는 상생 관계는 어떤 식으로 전개될까요?

김정상

양자컴퓨팅은 뛰어난 연구자와 공학자가 다양한 플랫폼에서 연구하는 아주 흥미로운 분야입니다. 모두 자신이 연구하는 기술이 가장 뛰어나다고 믿지만, 각각의 접근법에는 장단점이 있습니다.

물리적인 큐비트를 구현하는 기술은 크게 두 가지로 나뉩니다. 하나는 기존의 반도체 기술을 활용하는 방법입니다. 반도체 공정은 지구상에서 가장 고도화된 제조 기술 중 하나이므로 이를 활용하면 도움이 됩니다. 다른 하나는 자연계에 존재하는 재료를 큐비트로 사용하는 것입니다. 원자와 광자는 근본적으로 양자 특성을 지니기 때문에 큐비트로 이용하기에 적합하죠. 그래서 여러 개의 큐비트를 균일하게 만들어내기가 비교적 쉽습니다. 인공 큐비트의 경우, 제조된 구조들이 그다지 양자역학적이지 않아서 균일한 다중 큐비트를 얻기 훨씬 어렵습니다. 한편 자연 큐비트는 반도체 기술에 기반한 인공 큐비트에 비하면 양산할 수 있는 기술적인 노하우가 부족합니다. 그동안 인류가 원자나 광자로 복잡한 시스템을 만들어본 경험이 없기 때문이죠.

사실 인공 큐비트와 자연 큐비트의 구현은 대립적이라기보다 상보적이라고 볼 수 있습니다. 예를 들어 아이온큐 양자컴퓨터에서 큐비트를 레이저로 제어하는 핵심 시스템은 반도체 노광 lithography 공정[1]을 차용한 것입니다. 반대로 인공 큐비트를 구현할 때 이용하는 반도체 공정 기술에도 결맞음이나 교차공명 같은 원자·분자 물리학 원리가 녹아 있죠. 이렇게 서로 다른 플랫폼끼리는 배울 점이 많습니다.

결국 큐비트나 개별 소자 단위로 플랫폼 간의 우월성을 비교할 게 아니라, 연산 성능을 중요하게 봐야 합니다. 양자컴퓨터를 가지고 실제로 어떤 문제를 풀 수 있는지, 어떤 연산을 제공할 수 있는지 말이죠. 어떤 접근법이든 최종 목적지는 연산 성능이 뛰어난 양자컴퓨터를 만드는 것이니까요.

정연욱

초전도 플랫폼은 성숙 단계로 접어든 지 오래인 반도체 공정을 활용합니다. 구글과 IBM이 초전도 큐비트를 선택한 것도 이미 갖춰진 시스템으로 양산이 가능하기 때문이죠. 그 외에도

---

1 — 집적 회로를 제작할 때 실리콘칩 표면에 패턴을 고정하여 화학 처리하는 기술

초전도 플랫폼의 장점은 더 있습니다. 큐비트를 측정하고 제어할 때 마이크로파를 이용하는데, 마이크로파는 레이저에 비해 다루기 쉽습니다. 또 시스템 설계 시 자유도가 높고, 규모가 큰 시스템에도 적합하죠.

반면 초전도 큐비트는 인공적으로 구현한 것이기 때문에 외부 환경에 따라 양자 특성이 훼손될 수 있습니다. 원자나 이온이 원래부터 양자 특성을 갖는 것과는 달리, 외부 환경 변화에 취약한 편이죠. 따라서 정밀도나 연결성, 수명의 측면에서는 이온트랩 큐비트가 앞서 있는데, 앞으로 초전도 큐비트가 이를 따라잡을 수 있을지 지켜봐야 합니다.

이렇게 플랫폼 고유의 장단점이 있기 때문에, 각각의 장점만 취해 하이브리드 시스템을 만드는 것이 가장 좋은 방법일 겁니다. 문제는 플랫폼 간에 많이 교류하지 않는다는 거예요. 그래도 최근에는 서로 친해지려 노력하고 있습니다. 그렇다고 해도 앞으로 플랫폼 간 경쟁이 더 치열해진다면 누가 최후의 승자가 될지는 아무도 모를 일입니다.

양자컴퓨터, 정말 우월한가?

2019년, 구글에서 시커모어^{Sycamore}라는 양자컴퓨터로 양자우위를 달성했다고 발표했다가 IBM이 이를 반박하는 사건이 있었습니다. 경쟁사 간의 신경전처럼 보이지만, 한편으로는 양자우위를 판단하는 객관적 기준이 없다는 생각도 듭니다. 양자우위는 무엇이며, 어떻게 판단하나요?

김정상

양자우위 개념이 처음 등장한 계기는 고전컴퓨터가 절대로 풀 수 없는 문제를 양자컴퓨터가 풀 수 있는지 학술적으로 알아보자는 것이었습니다. 엄밀한 듯 보여도 사실 굉장히 모호한 개념이에요. 고전컴퓨터가 할 수 있는 일 자체가 고정되어 있지 않기 때문입니다. 고전적으로 어려운 문제는 대개 무작위한데, 기하급수적으로 많은 가능성을 고려해야 하기 때문에 시뮬레이션이 어렵다는 특징이 있습니다. 그런데 알고리듬이나 하드웨어가 발전하면서 고전컴퓨터가 해낼 수 있는 영역이 점점 더 넓어졌습니다. 양자우위를 논할 때 전제가 되는, 고전컴퓨터로는 절대 불가능한 일이 무엇인지 정확히 규정하기가 힘들어진 것이죠.

한 동료가 양자우위에 대해 농담 반, 진담 반으로 한 말이, 양자컴퓨터가 고전컴퓨터보다 우월해지는 시점을 찾는 것은 마치 갓난아이와 10살 된 개를 비교하는 것과 같다는 것이었죠. 나이 든 개가 사람 말도 훨씬 잘 알아듣고 재주도 부릴 줄 알겠지만, 더 길게 보면 아이는 자라서 말도 하고 학교도 가면서 개보다 훨씬 더 똑똑해질 겁니다. 그런데 정확히 어느 시점부터 아이가 개보다 똑똑해지는지 특정할 수 있을까요? 그런 실험을 고안할 수 있을까요? 그 경계를 정확히 그리기에는 모호한 부분이 많습니다. 이런 접근은 학술적으로는 의미가 있겠지만, 그보다는 아이를 잘 교육시켜서 사회에 공헌할 수 있도록 키워내는 데 집중해야 합니다. 양자우위도 이런 차원에서 생각해보면 좋겠습니다.

고전컴퓨터로는 불가능하지만 양자컴퓨터로는 할 수 있는 것들이 무엇일까요? 구체적인 응용 사례를 알려주세요.

김정상
우선 양자컴퓨터 발전에 불을 붙였다고 할 수 있는 암호기술cryptography을 들 수 있습니다. 양자컴퓨터가 기존의 암호 체계를 무력화할 것이라며 공포감을 느끼는 사람도 많은데, 다행히도 이 문제는 생각보다 복잡합니다. 그래서 양자컴퓨터가 암호 체계에 실질적인 영향을 끼치려면 몇 년은 더 걸릴 겁니다. 이 문제에 대응할 시간이 있다는 뜻이니까 한편으로는 마음이 놓이기도 하죠.

화학 분야도 양자컴퓨터의 활약이 기대되는 영역입니다. 계산화학computational chemistry은 일찍이 리처드 파인만이 그 복잡성을 언급한 바 있고 많은 연구가 진행되었지만 40년이 지난 지금도 여전히 어려운 분야입니다. 컴퓨터 시뮬레이션으로 분자 구조와 물질 특성을 밝히는 연구가 발전하면 에너지, 제약, 소재 등 다양한 산업 분야에 큰 혜택을 제공할 것입니다. 향후 수년 내에 양자 시뮬레이션으로 흥미로운 분자를 발굴할 수 있는지가 관건이겠죠.

양자컴퓨터 분야에서 학계와 산업계를 거치면서 지난 몇 년간, 양자응용 분야에서 그 전에는 상상하지 못했던 새로운 아이디어들이 쏟아져 나오는 것을 목격했습니다. 예를 들어, 양자 기계학습은 일부 전문가만 알 뿐 그다지 실용적이지 않은 기술이었지만, 알고리듬을 파고들어 유용하게 만드는 데 매진한 연구자들 덕분에 지금은 응용 가치가 매우 커졌습니다. 아직은 양자컴퓨터가 실생활에 영향을 끼칠 정도는 아니지만, 최근에는 학계에서 중요하게 생각하는 물리, 화학 등 과학적인 과제에서 최첨단의 양자컴퓨터가 고전적인 방법으로 시뮬레이션하기 어려운 정도의 계산을 해내는 예들을 접할 수 있습니다. 양자컴퓨터에 대한 접근성이 높아지고 점점 더 많은 사람들이 양자컴퓨터 활용법을 이해할수록 기술 혁신에도 탄력이 붙겠죠. 정말 뛰어난 연구자만 100명을 모아서 문제를 풀 때보다 수백만 명의 일반 사용자가 함께 고민할 때 더 놀라운 결과를 거둘 수 있습니다. 이런 차원에서 사용자를 신속하게 늘리는 것이 양자컴퓨터의 응용 가능성을 올리는 데 매우 중요하다고 생각합니다. 사용자가 더욱 늘면 지금은 상상하지 못할 새로운 양자컴퓨터 활용법이 탄생할 겁니다.

양자컴퓨터 vs. 양자내성암호: 창과 방패의 대결

양자컴퓨터 응용 분야를 논의할 때 빠지지 않는 것이 암호 체계인데요. 군사나 에너지 등의 중요 시설이 해킹당했다는 뉴스를 접할 때마다 사이버 보안의 중요성을 새삼 실감합니다. 양자컴퓨터의 등장으로 기존 암호 체계에 미치는 위협에 대비하기 위해 **양자내성암호**^{post-quantum cryptography} 연구가 활발히 진행되고 있습니다. 양자컴퓨터와 암호 기술은 마치 창과 방패 같은 관계로 보이는데, 앞으로 이 두 분야가 어떤 식으로 상호작용 할까요? 또 그에 따라 생겨나는 새로운 기회와 도전은 무엇일까요?

정연욱

쇼어 알고리듬은 소인수분해 시간을 획기적으로 단축할 수 있는 양자 알고리듬입니다. 뛰어난 양자컴퓨터만 있다면 쇼어 알고리듬을 구동해서 이론상 아무리 큰 숫자라도 합리적인 시간 내로 소인수분해를 할 수 있습니다.

그렇다면 RSA[2] 암호 체계는 양자컴퓨터 앞에서 무용지물일까요? 결론부터 얘기하자면, 아직은 걱정할 단계가 아닙니다. 전 세계 인터넷 뱅킹에서 쓰는 공개키 암호 RSA-2048을 해킹할 양자컴퓨터가 나오려면 최소한 10~20년은 더 있어야 하기

---

[2] — 큰 숫자는 소인수분해를 하기 어렵다는 원리를 이용한 공개키 암호 체계로 1977년 이후 오늘날 전자상거래에서 널리 사용되고 있다. 제안자인 로널드 리베스트^{Ronald Rivest}, 아디 샤미르^{Adi Shamir}, 레너드 에이들먼^{Leonard Adleman}의 성 이니셜을 따서 RSA로 명명했다.

때문입니다. 게다가 쇼어 알고리듬으로 깰 수 있는 것은 소인수분해 기반의 특정 암호 체계인데, 세상에는 타원곡선 암호$^{elliptic\ curve\ cryptography}$ 등 다른 종류의 암호 체계도 존재합니다.

데이터 센터에서 어떤 파일을 다운로드 받았다고 해서 그 자체가 유의미한 정보는 아닙니다. 암호화된 상태의 정보를 해독하는 복호화^{decryption} 과정이 남아 있는데, 이에 필요한 연산량이 어마어마합니다. 해커 입장에서는 지금 확보할 수 있는 파일을 모두 모아서 가지고 있다가 기술이 발전한 미래에 해독하겠다고 생각할지 모르지만, 어쨌든 지금 어디선가 양자컴퓨터가 돌아간다고 해도 암호화된 정보를 완전히 알아내기까지는 시간이 걸리겠죠. 물론 굉장히 중요한 정보가 있다면 암호 체계를 교체하는 것을 고려하는 게 좋습니다. NIST[3]에서도 잠재적인 양자컴퓨터의 공격에 대비하여 암호 체계를 전환하라고 권장하고 있어요. 하지만 일반적인 정보의 경우, 특히 실시간으로 해킹될 위험이 없는 한 앞으로 수십 년은 크게 걱정하지 않아도 됩니다.

언젠가는 쇼어 알고리듬을 활용해서 실제로 해킹할 수 있는 고성능 양자컴퓨터가 출현할 것입니다. 그때까지 잠재적 위험 요소를 파악하고 대응 시스템을 잘 준비해야 하겠습니다.

---

3 — National Institute of Standards and Technology, 미국 국립표준기술연구소

김정상

1990년대에 쇼어 알고리듬이 등장했을 때가 떠오르네요. 당시 저는 반도체 단광자 소자를 연구하던 대학원생이었는데, 양자 알고리듬을 어떻게 활용할지 학계의 관심이 높았던 시절로 기억합니다. 이후 산업계 종사자들과 소통하면서, 양자컴퓨터를 위협적으로 느끼는 사람이 많다는 사실을 깨달았습니다. 대형 은행 등 보안에 민감한 업계라면 암호 체계가 무너질 경우 천문학적인 피해가 발생할 테니까요. 다행히도 양자컴퓨터가 암호 체계에 실질적인 위협을 끼칠 만한 수준에 이르려면 10~20년 이상의 기술 축적이 필요할 듯합니다. 그러나 잠재적 양자컴퓨터 공격에 대비해 기존 암호 체계를 안전하게 전환하고 새로운 기준을 배포하는 데도 20년은 더 걸린다는 게 문제입니다.

미국에서는 NIST 주도로 양자내성암호 개발이 활발히 추진되고 있습니다. 양자내성암호는 고성능의 양자컴퓨터의 보안 위협에도 안전한 암호를 가리킵니다. 기존 통신 인프라를 전면적으로 교체하지 않고도 구현할 수 있는 암호 기술을 확보하면, 실질적으로 양자내성암호를 상용화할 수 있을 겁니다.

암호 기술과 보안 기술은 창과 방패처럼 대결을 거듭하며 함께 진화하는 관계입니다. 새로운 공격법이 나오면 새로운 방어법도 등장합니다. 이런 측면에서 양자내성암호는 알고리듬 혁신을 일으키며 양자컴퓨터의 발전에도 기여할 것으로 생각합니다.

한 가지 덧붙이고 싶은 점은, 양자컴퓨터가 깰 수 없는 암호 체계가 등장한다고 해서 양자컴퓨터의 활용 가치가 사라지지는 않는다는 것입니다. 기존의 암호 해독은 양자컴퓨터의 수많은 활용 가능성 중 하나일 뿐입니다. 그저 양자컴퓨터의 위력을 보여주기에 가장 좋은 예라서 뜨거운 관심을 받는 것이죠.

고전컴퓨터 vs. 양자컴퓨터: 경쟁인가, 상생인가?

양자컴퓨터 기술이 발전하더라도 이미 우리 생활 곳곳에 자리 잡은 고전컴퓨터의 역할이 사라질 것 같진 않습니다. 양자컴퓨터가 잘하는 것과 고전컴퓨터가 잘하는 것이 다를 수도 있고요. 앞으로 이 둘의 관계는 어떻게 될까요? 서로 경쟁 구도가 형성될지, 아니면 상호보완하면서 함께 발전할지 궁금합니다.

정연욱

저는 양자컴퓨터가 기존의 컴퓨터를 완전히 대체하지는 않을 거라고 생각합니다. 제가 생각하는 양자컴퓨터의 미래는 고전컴퓨터를 보조하는 역할입니다. 보조 프로세서^{co-processor}라는 개념을 기억하실까요? IBM에서 출시한 첫 PC에는 CPU 외에 부동소수점^{floating point}[4] 연산이라는 특정 작업을 전담하는 보조 프로세서가 탑재되어 있었어요. CPU와 보조 프로세서의 관계처럼, 고전컴퓨터가 할 수 없는 특정 작업을 양자컴퓨터가 담당하면 유용하겠죠. 하지만 현재 고전컴퓨터가 담당하고 있는 연산은 모두 고유의 영역으로 남을 겁니다. 양자컴퓨터로 그 부분을 대체하기보다는, 이미 기술적으로도 발전해 있고 운용 비용도 훨씬 저렴한 고전컴퓨터를 활용하는 편이 유리하기 때문입니다. 일반적인 연산 작업의 경우, 앞으로 수십 년간은 양자컴퓨터가 고전컴퓨터보다 저렴해질 일은 없을 거예요. 이런 차원에서 두 가지 컴퓨터의 공존 시나리오를 그려볼 수 있습니다.

김정상

양자컴퓨터 발전 초창기에 큰 업적을 남긴 IBM 연구소의 찰스 베넷은 이런 재미있는 말을 했습니다. "고전컴퓨터는 불구가 된crippled 양자컴퓨터다." 결국 양자컴퓨터가 고전컴퓨터를 포함하는 더 큰 개념이라는 말이죠. 그렇다고 해서 양자컴퓨터가 모든 문제를 더 효율적으로 풀 수 있다는 뜻은 아닙니다.

컴퓨터가 푸는 문제를 복잡도에 따라 P^5와 NP^6로 구분하는데, P 문제는 고전컴퓨터 기술로 충분히 해결할 수 있기 때문에

---

4 — 숫자를 표현할 때 소수점의 위치를 고정하지 않고 0과 1을 이용한 근삿값으로 표현하는 방식
5 — 답이 예 또는 아니오로 떨어지는 결정 문제 중 결정론적 알고리듬으로 다항 시간polynomial time 안에 풀 수 있는 문제
6 — 답이 예 또는 아니오로 떨어지는 결정 문제 중 결정론적 알고리듬을 사용하면 다항 시간 안에 검산은 가능하지만 답이 주어지지 않고, 다항 시간 내에 문제를 풀려면 비결정론적 알고리듬non-deterministic polynomial이 필요한 문제

굳이 양자컴퓨터를 쓸 이유가 없어요. 고전컴퓨터는 지난 70년간 엄청난 발전을 거듭해왔기에 이미 잘하고 있는 부분은 그대로 맡겨두고, 양자컴퓨터는 고전컴퓨터를 가지고는 접근하기 어려운 난제에 집중하는 것이 효율적이라고 생각합니다.

소인수분해 문제를 예로 들면, 숫자가 작을 때는 고전컴퓨터가 훨씬 더 빨리 풉니다. 하지만 숫자가 커지면 고전컴퓨터로 풀 때 시간이 너무 오래 걸리는 지점이 옵니다. 이렇게 '어려운 intractable' 문제여야 양자컴퓨터가 진가를 발휘합니다. 연산 시간을 획기적으로 단축시키기 때문이죠. 이런 식으로, 문제의 성질에 따라 두 컴퓨터를 적절히 활용하는 것이 비용 면에서도 좋습니다.

양자컴퓨터와 무관하게 여러 컴퓨터의 장점을 적절히 조합하는 하이브리드 방식은 이미 존재합니다. 오늘날의 데이터 센터는 CPU, GPU, TPU 등 다양한 연산 장치로 이루어져 있습니다. 필요한 연산에 맞게 각 장치를 활용하면 고도로 최적화된 작업이 가능하죠. CPU와 GPU가 잘하는 일이 따로 있고, TPU는 CPU와 GPU가 하지 못하는 대규모 데이터 분석과 기계학습 알고리듬 처리에 특화되어 있기 때문입니다.

양자컴퓨터는 자연스럽게 양자 처리 장치quantum processing unit인 QPU의 형태, 즉 하이브리드 컴퓨터의 일부로 발전할 것이라고 봅니다. 이미 클라우드 컴퓨팅에서 이런 하이브리드 아키텍처가 사용되고 있기 때문에, 고전컴퓨터와 양자컴퓨터의 통합 속도는 더 빨라질 것입니다. 실제로 저도 고성능 컴퓨팅high-performance computing, HPC 개발자들과 함께 QPU 상용화 방안을 논의하고 있어요. 하이브리드 컴퓨팅이 생각보다 가까이 와 있다는 사실을 한 번 더 강조하고 싶습니다.

김준기
컴퓨터의 효율을 얘기할 때 두 가지 측면을 살펴봐야 합니다. 한 가지는 소프트웨어에 해당하는 알고리듬의 효율이고, 다른 한 가지는 하드웨어의 효율입니다. 이론적으로 양자컴퓨터가 고전컴퓨터의 상위 집합superset이기 때문에 고전적인 알고리듬도 모두 양자컴퓨터로 수행할 수 있습니다. 하지만 하드웨어 성능을 따져보면 지금의 양자컴퓨터는 1940년대 에니악 수준밖에 안 됩니다. 그래서 고전 알고리듬으로 경쟁했을 때 양자컴퓨터는 에니악보다 나을 게 없지만, 양자 하드웨어에 양자 알고리듬이 더해지면 확실한 효율이 발생하죠. 투입 자원에 비해 연산의 효율이 기하급수적으로 증가하는 상황 말입니다. 다시 말해, 알고리듬 차원에서는 이론적으로 양자컴퓨터가 고전컴퓨터를 대체할 수 있지만, 현실적으로는 구현할 수 있는 하드웨어의 효율이 다르기 때문에 두 컴퓨터의 역할이 나뉠 것이라고 봅니다.

고전컴퓨터와 양자컴퓨터는 경쟁하는 한편, 특히 알고리듬을 개발할 때는 주거니 받거니 서로 참고하면서 발전하기도 합니다. 수학적으로는 양자컴퓨터가 고전컴퓨터를 포함하는 더 큰 개념이고 가능성이 무궁무진하기 때문에, 과연 어디까지가 양자 알고리듬의 영역인지 모호한 면이 있어요. 그런 차원에서 알고리듬 개발도 좀 더 휴리스틱$^{heuristic\,7}$한 방법으로 접근할 수 있을 것 같습니다.

김정상

양자컴퓨터와 고전컴퓨터가 꼭 경쟁 관계일 필요는 없습니다. 고전컴퓨터로는 풀 수 없다고 생각했던 문제를 양자 알고리듬을 통해 효율적으로 풀 수 있다는 걸 알아낸 후, 그것을 고전적으로 다시 구현해서 활용하는 사례도 많으니까요. 이렇게 양자 알고리듬에서 영감을 받은 고전컴퓨터용 알고리듬을 '양자에서 영감을 받은$^{quantum-inspired}$' 알고리듬이라고 부릅니다.

만약 미래에 정말 뛰어난 양자컴퓨터를 만들었는데 고전컴퓨터보다 전혀 우월하지 않다는 걸 증명할 수 있다면, 그 또한 컴퓨팅 기술 발전에 기여하는 굉장한 발견이라고 생각합니다. 결국은 양자라는 새로운 패러다임을 통해 이전에 찾을 수 없었던 효율적인 접근법을 찾아낸다는 의미가 있는 것이죠. 아직은 양자컴퓨터의 가능성이 어떻게 전개될지 모르기 때문에, 개척자 입장에서는 그 잠재력을 믿고 연구에 매진하는 게 최선이라고 생각합니다.

---

7 — 체계적이지는 않지만 경험을 바탕으로 빠른 판단을 내리는 것

양자컴퓨터, 에너지 절약에도 도움이 될까?

사회 전반에 걸쳐 ESGenvironmental, social, and governance **에 대한 관심이 높습니다. AI 기술에 대한 수요가 폭발적으로 증가하면서 연산에 필요한 에너지를 어떻게 충당할지, 탄소 배출 문제는 어떻게 해결할지, 고민도 깊어지고 있죠. 양자컴퓨터 분야에서는 이러한 문제를 어떻게 바라보고 있을까요? 혹시 양자컴퓨터가 고전컴퓨터에 비해 에너지 효율 면에서도 이점이 있나요?**

김준기

에너지 측면에서 양자컴퓨터와 비교할 대상은 개인용 PC가 아닌 슈퍼컴퓨터일 것입니다. 단일 비트 연산에서 에너지 효율이 높다기보다는, 양자컴퓨터를 사용하면 비트 수에 비례해서 연산 능력이 기하급수적으로 상승합니다. 이는 곧 기하급수적으로 연산 에너지가 감소한다는 뜻이죠. 이런 측면에서는 양자컴퓨터가 이점이 있습니다.

김정상

요즘 미국에서는 신규 데이터 센터 부지를 결정할 때 전기를 싸게 구할 수 있는 환경인지를 우선적으로 봅니다. 앞서 양자우위에 대해 얘기하면서 '어려운' 문제를 언급했는데, 실제로 고전컴퓨터로 이런 문제를 풀려면 시간뿐만 아니라 에너지도 엄청나게 들어갑니다. 메가와트급의 에너지가 필요하죠. 다시 말해 양자컴퓨터로 특정 문제를 풀 때는 시간뿐 아니라 전력과 비용 측면에서도 고전컴퓨터에 비해 우위를 점할 수 있다는 뜻입니다.

소프트웨어 혁신도 인재 확보에 달려 있다

양자컴퓨터가 발전하기 위해서는 하드웨어 플랫폼뿐 아니라 운영체제나 알고리듬 같은 소프트웨어도 중요해 보입니다. 양자컴퓨터용 소프트웨어 개발은 어떻게 이루어지고 있나요? 그리고 앞으로 해결해야 할 과제는 무엇일까요?

김정상

양자 소프트웨어는 학계보다 산업계가 더 앞선 분야입니다. 학계에서는 연구비 지원을 받아야 하고 그 성과를 출판하고 해당 학계와 공유해야 하는데, 그럴 만큼 학계가 성숙하지는 않았습니다. 또 실질적인 연구를 수행하기 위한 최첨단 하드웨어에 접근하기도 쉽지 않아서, 학계에서 선도적인 연구를 하기에는 아직 많은 어려움이 있습니다.

하지만 산업적인 수요는 높습니다. 아이온큐의 경우 소속 엔지니어의 절반이 소프트웨어 엔지니어인데, 대부분 양자 관련 경험이 없습니다. 양자 소프트웨어에 대한 전문 인력이 필요하지만 관련 산업이 아직 형성되지 않은 상태라 그런 인력을 찾는 게 불가능하죠. 그래서 양자 소프트웨어 영역에는 다양한 기회와 함께 어려움도 있습니다. 단순한 예로, 양자컴퓨터를 실시간으로 제어하는 소프트웨어를 어떻게 개발하고 어떤 운영체제를 사용해야 할까요? 더 나아가 양자컴퓨터용 프로그램을 만들었다고 치면, 컴파일^{compile}[8]은 어떻게 하고, 그걸 돌리기 위해 회로와 아키텍처는 어떻게 최적화할까요? 이처럼 앞으로 해결해야 할 문제가 산더미입니다.

현재 양자컴퓨팅 분야에서 사용하고 있는 툴키트^{toolkit}[9]를 보면, 어셈블리 언어[10]는 고전컴퓨터와 매우 비슷합니다. 양자 프로그래밍도 저급 언어부터 고급 언어[11]에 이르기까지 많은 발전이 이뤄졌지만, 아직 갈 길이 멀죠. 이런 단계에서는 먼저, 아주 빈번하게 사용되는 핵심 기술을 마련해야 합니다. 예를 들어, 기계학습을 최적화하는 양자컴퓨터를 제작할 경우, 고도로 최적화된 소프트웨어 툴키트와 라이브러리를 만드는 게 우선이에요. 그래야 더 높은 차원에서 작업하는 알고리듬 개발자들이 적절한 요소들을 가져다 쓸 수 있으니까요. 실제 하드웨어에서 어떻게 작

---

8 ― 인간이 이해할 수 있는 고급 프로그래밍 언어로 작성된 소스 코드를 컴퓨터가 이해할 수 있는 '0'과 '1'이 조합된 기계어로 번역하는 것
9 ― 프로그래밍을 할 때 이용할 수 있는, 이미 잘 만들어진 도구 모음
10 ― 프로그래밍 언어 중 기계어와 일대일 대응이 되는 저급 언어
11 ― 기계어와 가까울수록 저급 언어, 인간이 이해할 수 있는 언어에 가까울수록 고급 언어

동하는지를 세부적으로 이해하지 않아도 성능에 따라 널리 활용할 수 있는 생태계가 갖춰져야 합니다. 실제로 요즘에는 고전 컴퓨터의 기계학습 엔지니어들이 이렇게 작업하죠. 알고리듬 개발자가 소프트웨어 툴부터 직접 개발하는 경우는 없습니다. 그만큼 모든 유형의 문제가 고급 언어부터 하드웨어에 이르기까지 고도로 최적화되어 있다는 말입니다.

이미 고전컴퓨터 업계에는 숙련된 소프트웨어 및 아키텍처 전문가들이 많습니다. 양자 기술에 대해 조금만 배우면 바로 실전에 투입할 수 있는 고급 인력이죠. 따라서 이 전문가들을 양자 세계로 불러들이는 게 중요합니다. 양자컴퓨팅 분야에 얼마나 많은 기회가 열려 있는지, 얼마나 흥미로운 일이 벌어지고 있는지 알려줘야 합니다.

지속가능한 양자 산업 생태계를 향하여

반도체 산업에서는 CMOS라는 기술이 등장하면서 세계 공통의 표준으로 자리 잡았는데요. 표준화는 어떤 면에서는 기술이 확장될 수 있는 다양한 가능성을 닫고 양산으로 전환하는 과정이기도 합니다. 양자컴퓨터는 표준화를 논하기에는 아직 이른 감이 있지만, 기술 표준에 대해 고민하고 있을까요? 그리고 언제쯤 표준화가 이루어질 것으로 예상하십니까?

김준기

산업 내에서 어느 정도 방향성이 정해진 후에야 표준화가 가능합니다. 양자컴퓨터의 경우 어느 하드웨어 플랫폼이 우위를 점할지 아직 명확하지 않기 때문에 표준화를 예측하기는 어려운 상황이죠. 또 여러 큐비트 기술의 장점을 모아 하이브리드 시스템으로 향하는 방안에 대해서도 많은 논의가 이뤄지고 있습니다. 실제로 이온 큐비트와 광 큐비트를 섞어서 모듈 간 인터커넥트를 개발하는 연구도 진행 중입니다.

결국 누군가가 표준화를 주도한다기보다는, 어떤 유용한 가능성을 제공해서 시장의 선택을 받느냐가 관건입니다. 전기차와 내연기관차의 경쟁을 살펴봐도, 과거에는 더 좋은 기술을 제공한 내연기관차가 시장에서 앞장섰지만 최근에는 전기차 기술이 발전하면서 시장에 안착하고 있죠. 하지만 전기차 사고에 따른 안전성의 문제로 시장 선택에서 우위를 점한다고 보기는 어렵습니다. 이런 식으로 시장의 결정이 기술 표준화 추세를 좌우할 것이라고 생각합니다.

김정상

사실 요즘 표준화에 대한 고민을 많이 하고 있습니다. 표준화가 앞으로 어떻게 전개될지에 따라 사업에는 큰 불확실성으로 작용하거든요. 기술 표준화가 일어나기 위해서는 먼저 성능 측면에서 판가름이 나야 합니다. 지금의 양자컴퓨터 산업은 소비

자보다 공급자가 더 많은 초기 단계라서, 공급자 간에 어떤 기술이 우월한지에 대해 논쟁을 벌이고 있습니다.

그런데 정작 중요한 것은 사용자들이 어떤 가치를 실현할 수 있느냐입니다. 선택은 결국 사용자가 하는데, 아직 양자컴퓨터 산업에는 사용자의 목소리가 많이 부족합니다. 사용자가 풀기 원하는 문제만 파악한다면, 모든 공급자가 그 문제에 집중해서 경제적인 이익을 창출하려 할 겁니다. 이 과정에서 효율을 극대화하기 위한 전략이 나오고, 기술 발전을 앞당길 표준도 만들어지겠죠. 이렇게 합의된 표준을 바탕으로 더 많은 플레이어들이 시장에 뛰어들어야 산업 전체가 발전합니다. 하지만 기술이 미성숙한 상태에서 표준화하면 성능을 더 발전시킬 수 있는 가능성을 제한하는 꼴이기 때문에, 양자컴퓨터 산업에서 표준화는 시기상조라고 생각합니다.

양자컴퓨터도 산업으로 성장하려면 하드웨어를 대량 생산하는 시스템이 필요할 것입니다. 이미 많은 노하우가 쌓여 있는 반도체 공정 기술을 양자컴퓨터 양산에 접목시키는 시도도 이루어지고 있는데, 여기에는 어떤 기회와 도전 요인이 있을까요? 아니면 완전히 새로운 인프라와 제조 공정이 필요할까요?

김준기

양자컴퓨터 개발 과정에서 반도체 기술을 완전히 배제할 수는 없습니다. 고전 프로세서도 사용되고, 이온트랩 칩에도 레이저 다이오드 등 반도체 기술에 바탕을 둔 요소가 많기 때문입니다. 앞으로 양자컴퓨터에 특화된 반도체 생산 라인이 계속 생겨날 텐데, 기존의 파운드리를 활용하는 동시에 새로운 공정을 개발하는 노력이 이루어지고 있습니다.

김정상

저는 이 문제에 대해 다소 도전적인 입장입니다. 제2차 세계대전에서 기술의 역할을 되짚어보면, 핵폭탄은 태평양전쟁의 승패를 결정했고 컴퓨터는 유럽에서 나치 독일의 에니그마 암호 체계를 해독하는 데 핵심적인 도구였습니다. 당시의 컴퓨터는 진공관으로 만들었는데, 1950년대에는 진공관 제조 기술이 다른 전자 부품 제조 기술을 압도했기 때문이죠. 3극 진공관은 1907년에 벨 연구소에서 발명되었는데, 1915년 뉴욕-샌프란시스코 구간을 시작으로 미국 전역으로 확장된 전화 네트워크 인프라 증폭기로 사용되면서 제조 기술이 발전했습니다. 에니악을 비롯해 1950~1960년대 컴퓨터들은 모두 진공관 기술을 기반으로 만들어졌습니다.

그러면 제조 기술에서 압도적인 지위를 자랑하던 진공관이 왜 CMOS 기술에 선두 자리를 내주었을까요? CMOS 기술이 비트를 표현하는 데 아주 이상적이기 때문입니다. 상태가 0과 1로 정확하게 고정되고, 연산에 참여하지 않을 때에는 에너지 소비가 거의 없거든요. 이 사실이 증명되자, 반도체 산업은 CMOS 기술을 바탕으로 어떻게 양산할지 고민하면서 제조 기술을 지속적으로 발전시켰습니다. 그래서 무어의 법칙이 오늘날까지 지켜진 것이죠.

다시 양자컴퓨터를 살펴보면, 지금 반도체 공정 역량이 제조업에서 가장 뛰어나다고 해서 큐비트를 반도체 기술로 만들어야 한다는 생각은 주객이 전도된 셈입니다. 양자 정보를 가장 잘 표현할 수 있는 물리적 소재와 플랫폼을 찾은 다음, 양산할 수 있는 방법을 고안하는 게 맞다고 봅니다. 양자컴퓨터에 적합한 하드웨어 플랫폼이 아직 정해지지 않았고 양산 방법 또한 나오지 않았기에, 기회가 아주 많다고 생각합니다. 물론 이 과정에서 기존의 첨단 반도체 기술, 통신 기술, 광 기술을 활용할 수 있다면 최대한 이용해야겠죠.

양자컴퓨팅 기술이 발전하면서 관련 산업도 성장할 텐데, 사업 측면에서 어떤 새로운 기회가 열릴까요?

김정상

양자컴퓨터가 사업적으로 성공하려면 고전컴퓨터로 불가능했던 일을 해내는 변곡점에 빨리 다가가야 합니다. 다소 논란이 일기는 했지만, 2019년 구글에서 양자우위를 달성했다고 발표한 것도 이런 노력의 일환이죠. 그런데 특정 연산에 한정시켜 고전컴퓨터와 성능을 비교하기보다는, 일반적인 사용 환경에서 양자컴퓨터의 유용성을 획득해야 합니다.

그러려면 우선 고전컴퓨터를 능가하는 범용 하드웨어를 만들어야 합니다. 물론 범용 하드웨어가 있다고 양자컴퓨터의 사업적 가치가 확보되는 건 아닙니다. 현실 세계에서 양자컴퓨터를 어떻게 활용할지 구체적인 아이디어도 필요하죠. 당장 강력한 양자컴퓨터가 나타난다고 해도 어떤 사업에 어떻게 활용할지 몰라 당황할 겁니다. 사업 모델 자체가 없기 때문입니다. 하지만 그래서 오히려 기회가 많다고 생각합니다. 완벽한 양자컴퓨터가 나타나기를 기다리기 전에, 아직 부족하더라도 지금의 성능으로 가장 어려운 문제를 해결하는 데 활용해보는 것입니다. 금융, 화학, 자동차 등 양자컴퓨터의 도움을 받을 수 있는 분야가 지금도 많다고 봅니다. 이런 시도는 양자컴퓨터의 응용 분야를 넓히고 기술 자체를 발전시키는 데도 큰 도움이 됩니다.

아이온큐를 비롯한 양자컴퓨터 하드웨어 기업들은 다양한 파트너십을 통해 업계의 난제에 도전하고 있습니다. 매우 흥미로운 협업 형태죠. 파트너 기업은 대부분 양자 기술에 대한 배경 지식은 없지만 풀기 어려운 문제를 가지고 하드웨어 기업들을 찾아옵니다. 그러면 하드웨어 기업들은 소프트웨어 협력업체 등과 함께 양자 기술로 해결할 수 있는 부분이 있는지 분석한 후, 독창적인 아이디어를 제시합니다. 이런 활동은 기계학습의 정확도를 높이는 등 실제 성과로 이어졌습니다. 파트너 기업의 입장에서는 양자컴퓨터라는 새로운 도구의 응용처를 발굴하고, 사업 목표를 앞당겨 달성하기 위해 양자 하드웨어 기업에서 어떤 도움을 받을 수 있는지 알아보는 기회가 되겠죠. 한편 양자 하드웨어 기업으로서는 파트너 기업과 상호작용하면서 확보한 데이터가 매우 중요합니다. 이를 기반으로 사업 경쟁력을 갖추기 위해 필요한 기술 요소를 파악하고, 그것을 확보하기 위한 로드맵을 수립할 수 있기 때문입니다.

이런 기업 간 협업은 블루오션이라고 할 만큼 기회가 널려 있는 영역입니다. 초기의 고전컴퓨터가 그랬듯이, 양자컴퓨터의 경쟁력도 이러한 틈새 시장에서 검증될 겁니다. 성공 사례가 점점 쌓여 눈덩이처럼 커지고, 이를 통해 양자컴퓨터의 응용 분야가 확대할 것이라 기대합니다. 일반적인 성능이나 활용 가치 측면에서 양자컴퓨터가 고전컴퓨터를 넘어서는 변곡점이 반드시 다가올 겁니다. 그 시점이 언제일지에 대해서는 의견이 분분하지만, 저는 앞으로 몇 년 이내일 거라고 봅니다. 물론 그 시점에 빨리 도달할수록 양자컴퓨터의 사업적 가치와 파급력이 빠르게 상승하겠죠.

정연욱

저는 산업계에 몸담고 있는 사람은 아니지만, 양자 기술의 사업화에 대해서는 기대하는 한편 우려하고 있습니다. 무엇보다도 수익을 낼 만한 양자 하드웨어가 탄생하려면 오랜 시간이 걸릴 텐데, 그때까지 지속적인 투자와 개발이 이루어져야 합니다. 기업 입장에서는 당장 조금이라도 매출을 올릴 수 있는 사업 모델이 필요하겠죠.

소위 '양자에서 영감을 받은' 영역들이 과도기적 사업 모델로는 괜찮아 보입니다. 양자 알고리듬이나 양자 기계학습에서 아이디어를 얻어 고전컴퓨팅 환경에서 활용하는 접근법이죠. 수익을 창출하기 위한 단기적 해법인 데다, 양자와 비양자 사이의 연계가 과연 가능할지 의문이 들 수도 있습니다. 그런데 교육 일선에서 프로그래밍을 배우는 학생들을 보면, 고전컴퓨터든 양자컴퓨터든 큰 문제가 되지 않습니다. 규칙을 익혀서 코드를 짜고 이를 실행해보고 알고리듬을 최적화하는 원리는 똑같기 때문입니다. 이렇게 경계를 의식하지 않고 응용하는 것이 한 가지 방향이라고 생각합니다.

아울러 양자 하드웨어 발전은 극저온 장비, 광학 장비 등 특수 부품을 공급하는 많은 제조사 없이는 불가능하다는 점을 강조하고 싶습니다. 뛰어난 성능의 양자컴퓨터가 등장해서 수익을 창출하고 양자 하드웨어 산업이 자리 잡을 때까지는 생태계 유지를 위한 보호 장치가 필수적입니다. 여러 나라에서 양자 기술 육성 정책을 활발히 추진하는 상황에서, 정부의 지원이 이러한 생태계 전반을 지탱하는 데 중요한 역할을 해주길 기대합니다.

글로벌 패권 경쟁 속 양자컴퓨터 기술의 지정학적 함의는?

반도체처럼 양자컴퓨터가 글로벌 패권 경쟁의 승부처가 될 것이라고 전망하는 사람이 상당히 많습니다. 파괴적 혁신disruptive innovation을 일으키는 첨단 기술인 만큼 초창기에 주도권을 잡으려고 전 세계적으로 경쟁이 치열한데, 연구 개발 일선에서도 지정학적인 갈등의 여파가 느껴지나요?

김정상

제가 박사 과정을 밟기 위해 미국으로 간 게 베를린장벽이 무너지고 철의 장막이 붕괴한 직후인 1992년인데, 그 후로 30년간이 과학기술의 르네상스 시대가 아니었나 하는 생각이 듭니다. 냉전으로 인한 블록화가 풀리면서 세계가 자유롭게 교류할 수 있었고, 그러면서 과학기술이 굉장히 진보했죠.

그런데 최근에 다시금 블록화가 진행되면서 경쟁도 더욱 심해질 것으로 보입니다. 점점 더 자유롭고 유연한 연구 교류를 기대하기도 어려울 것 같아요. 특히 경제, 안보 측면에서 차별화 요소가 될 수 있는 기술에 대해서는 점차 장벽이 높아질 거라고 생각합니다.

반도체 산업은 전 세계적으로 지정학적인 압박을 굉장히 많이 받지만, 한국의 유수 반도체 기업들이 세계적으로 중요한 위치를 차지하면서 공급망에서 핵심 역할을 하고 있기 때문에 운신의 폭은 있습니다. 이런 경쟁력이 전략적 무기로 크게 작용할 수 있어요. 또 ASML이라는 네덜란드 기업이 갖고 있는 노광 장비 기술은 세계 어디에도 없기 때문에 막강한 무기입니다. 반대로 경쟁력이 없다면 국제사회에서 완전히 배제될 가능성도 있습니다.

한국은 양자컴퓨터 연구 개발에 조금 늦게 진입했기 때문에 어떤 전략으로 다가갈지 많이 고민해야 합니다. 물론 최첨단 양자컴퓨터 기술을 보유하면 좋겠지만, 그렇지 않다면 전략적으로 접근해야 합니다. 10년, 20년 후 지금보다 블록화가 더 심각하게 진행되고 국가 간 기술 경쟁이 치열해진다면, 우리나라가 보유할 핵심 기술이 무엇인지 미리 고민하고 거기에 연구와 산업 역량을 집중해야 하지 않을까 싶습니다.

김준기

전 세계적으로 양자 기술 연구 현장에서 인재가 굉장히 부족합니다. 특히 한국은 지리적으로 중국과 가깝고 미국과 왕래가 많기 때문에, 중간에서 인재를 유치하는 데 압박을 느낄 요소가 많죠. 중국도 우수한 인재를 영입할 때 예전과는 달리 조건 면에서 뒤처지지 않습니다.

기술 발전에 있어서 지금의 한 걸음이 나중의 열 걸음이 됩니다. 현실적으로 한국은 앞선 기술을 빠르게 쫓아가는 패스트 팔로워 전략을 실행하기에도 녹록지 않은 실정입니다. 향후에는 양자 장비를 수입하려 해도 지정학적 갈등이 연구 현장에 영향을 미칠까 걱정됩니다.

역사적으로 핵 시뮬레이션을 하기 위한 방법으로 컴퓨터 기술이 주목받으면서 미국 에너지부 Department of Energy **산하 DARPA[12]에서 많은 지원을 했는데요. 고전컴퓨터의 발전이 냉전과 관계가 있는 것처럼, 양자컴퓨터도 새로운 지정학적 위기 속에서 군사적인 의미를 지닐 것 같습니다. 이러한 가능성은 어떻게 생각하시나요?**

김준기

안보 면에서 양자컴퓨터는 아직까지 쇼어 알고리듬과 소인수분해에 초점을 맞추고 있습니다. 양자컴퓨터의 소인수분해 능력이 RSA 암호 체계를 깨면 문제가 생길 수 있기 때문에 양자내성암호 연구도 속도를 내고 있죠. 그런데 양자컴퓨터의 활용 가능성과 한계가 아직 명확하지 않아서, 안보에 어떤 영향을 끼칠지 구체적으로 파악하기는 어렵습니다. 그래서 각국에서 정부 주도로 연구를 진행하는 것이 아닐까 싶습니다.

김정상

1940년대 고전컴퓨터의 개발 목표는 탄도의 궤적과 수소

---

12 — Defense Advanced Research Project Agency, 미국 국방고등연구계획국

폭탄의 연쇄 반응을 시뮬레이션하는 것이었습니다. 이렇게 초기 개발을 이끈 것은 군사적 동기였죠. 그런데 미국을 포함한 서방 세계가 컴퓨터 기술에서 압도적인 우위를 점한 배경에는, 컴퓨터가 하나의 산업이 되고 인터넷 기술이 더해지면서 발생한 경제적인 견인 효과가 훨씬 컸다고 생각합니다. 시작은 국방이었지만, 민간의 영역으로 들어와 경제적, 산업적으로 대폭 확장하면서 기술을 가진 나라의 힘이 강해진 것이죠.

양자 기술도 군사적인 목적에서, 국방 기술로서 활용 가치가 있고, 이런 동기에 의해 발전할 수 있습니다. 하지만 진정한 파괴적 혁신은 이 기술이 컴퓨터나 인터넷처럼 보편적인 도구로서 민간에 자리 잡고 민간 경제를 견인할 때 일어난다고 생각합니다. 따라서 군사적 응용보다는 차세대 국가 성장 동력이 될 가능성에 주목할 필요가 있습니다. 국방과 민간 분야가 서로 협력해서 연구개발을 해야 하는 부분도 있을 겁니다. 앞으로 지정학적 상황과 맞물려 각 나라가 핵심 전략 기술의 수출입 규제를 더욱 강화하는 방향으로 나아가면 이런 형태의 협업이 더 잦아질 것입니다.

대담

김정상 듀크대학교 전기컴퓨터공학과·물리학과 교수, 아이온큐 공동 창립자

정연욱 성균관대학교 양자정보공학과·나노공학과 교수, 양자정보연구 지원센터장

김준기 성균관대학교 양자정보공학과·나노공학과 교수

사회

현택환 서울대학교 화학생명공학부 석좌교수, 기초과학연구원 나노입자 연구단 단장, 최종현학술원 이사

안정호 서울대학교 융합과학기술대학원 교수, 최종현학술원 이사

그림·표 출처

1장 ― 양자컴퓨터와 첨단 기술의 미래

그림 1-1, 1-2. Fred Alan Wolf, Taking the Quantum Leap: The New Physics for Non-Scientists, Harper Perennial (1989)

그림 1-3. Photo courtesy of Christopher Monroe

그림 1-4. Rodney Van Meter, Itoh KM, Ladd TD. Architecture-Dependent Execution Time of Shor's Algorithm. arXiv (Cornell University). Published online January 1, 2005. doi:https://doi.org/10.48550/arxiv.quant-ph/0507023

그림 1-5. Popkin G. Quest for qubits. Science. 2016;354(6316):1090-1093. doi:https://doi.org/10.1126/science.354.6316.1090

그림 1-6. IBM, https://www.ibm.com

그림 1-7. Olmschenk S, Younge KC, Moehring DL, Matsukevich DN, Maunz P, Monroe C. Manipulation and detection of a trappedYb+hyperfine qubit. Physical Review A. 2007;76(5). doi:https://doi.org/10.1103/physreva.76.052314

그림 1-8. Saad HMH, Chakrabortty RK, Elsayed S, Ryan MJ. Quantum-Inspired Genetic Algorithm for Resource-Constrained Project-Scheduling. IEEE Access. 2021;9:38488-38502. doi:https://doi.org/10.1109/access.2021.3062790

그림 1-9. 왼쪽 위부터 시계방향으로 아래와 같음

2016. Photo courtesy of Phil Schewe (JQI) 2018. Photo courtesy of Kai Hudek 2019. Photo courtesy of Robert Spivey 2020. Photo courtesy of Yuhi Aikyo 2022. Image Credit: MIT Lincoln Laboratory

그림 1-10. 위. Photo courtesy of Kai Hudek

오른쪽 위. Photo courtesy of Jason Amini

오른쪽 아래. Photo courtesy of Sandia National Labs

그림 1-11. Photo courtesy of IonQ

그림 1-13. 왼쪽. Steppan J. English: A few samples from the MNIST test dataset. Wikimedia Commons. Published December 14, 2017. https://commons.wikimedia.org/wiki/File:MnistExamples.png; 오른쪽. Text and text stream mining tutorial. SlideShare. Published November 12, 2012. Accessed May 9, 2024. https://www.slideshare.net/mgrcar/text-and-text-stream-mining-tutorial-15137759

그림 1-14. Johri S, Debnath S, Mocherla A, et al. Nearest centroid classification on a trapped ion quantum computer. npj Quantum Information. 2021;7(1). doi:https://doi.org/10.1038/s41534-021-00456-5

그림 1-15. 위. J. Stallkamp, M. Schlipsing, J. Salmen, and C. Igel. The German Traffic Sign Recognition Benchmark: A multi-class classification competition. In Proceedings of the IEEE International Joint Conference on Neural Networks, pages 1453-1460. 2011. doi:https://doi.org/10.1109/IJCNN.2011.6033395. 아래. 현대자동차, IonQ 제공

그림 1-17. A, B, 그리고 C 오른쪽.Courtesy of Fidelity Center for Applied Technology and IonQ. Portions ⓒ 2021 FMR LLC. Portions ⓒ 2021 IonQ, Inc. All rights reserved. Used with permission. C 왼쪽. Elton Yechao Zhu, Sonika Johri, Bacon D, et al. Generative quantum learning of joint probability distribution functions. Physical review research. 2022;4(4). doi:https://doi.org/10.1103/ physrevresearch.4.043092

그림 1-18. A. Photo courtesy of Jason Amini (IonQ)
B. Photo courtesy of Didi Leibfried (NIST)
C. Monroe C, Kim J. Scaling the Ion Trap Quantum Processor. Science. 2013;339(6124):1164-1169. doi:https://doi.org/10.1126/science.1231298

2장 — 양자컴퓨터로 구현하는 차세대 통신 네트워크

그림 2-2. Wikimedia.org. https://commons.wikimedia.org; Britannica Kids. Accessed

May 9, 2024. https://kids.britannica.com/students/assembly/view/1939

28; 한국전자통신연구원. 사진으로 보는 ETRI 45년. Etri.re.kr. Published 2016. Accessed October 22, 2025. https://www.etri.re.kr/45th/sub04_2.html

그림 2-5. Vardoyan G, Nain P, Guha S, Towsley D. On the Capacity Region of Bipartite and Tripartite Entanglement Switching. ACM Transactions on Modeling and Performance Evaluation of Computing Systems. Published online November 19, 2022. doi:https://doi.org/10.1145/3571809

그림 2-6. IonQ Blog: Enabling Networked Quantum Computing with Ion-Photon Entanglement. IonQ. Published 2024. Accessed October 30, 2025. https://ionq.com/blog/enabling-networked-quantum-computing-with-ion-photon-entanglement; Monroe C, Kim J. Scaling the Ion Trap Quantum Processor. Science. 2013;339(6124):1164-1169. doi:https://doi.org/10.1126/science.1231298

그림 2-7. A. Photo courtesy of Randy Giles (Bell Laboratories, Lucent Technologies) B. Photo courtesy of John Gates (Bell Laboratories, Lucent Technologies)

그림 2-9. Monroe C, Kim J. Scaling the Ion Trap Quantum Processor. Science. 2013;339(6124):1164-1169. doi:https://doi.org/10.1126/science.1231298

3장 — 초전도 소자 기술로 구현하는 양자컴퓨터

그림 3-1. Photo courtesy of Charles H. Bennett, IBM

IBM, the IBM logo, and ibm.com are trademarks or registered trademarks of International Business Machines Corporation, registered in many jurisdictions worldwide. Other product and service names might be trademarks of IBM or other companies. A current list of IBM trademarks is available on the Web at "IBM Copyright and trademark information" at www.ibm.com/legal/copytrade.shtml.

그림 3-4. A 정연욱 제공, B IBM Credit

그림 3-5. Ezratty O. Perspective on superconducting qubit quantum computing. 2023;59(5). doi:https://doi.org/10.1140/epja/s10050-023-01006-7

그림 3-6, 3-9. 정연욱 제공.

그림 3-7. Ezratty O. op. cit.; Lectures and Lecture Notes | Professor Steven M Girvin. Yale.edu. Published 2020. Accessed November 11, 2025. https://girvin.sites.yale.edu/lectures

그림 3-10. Qiskit Metal 0.1.5 0.1.5. Github.io. https://qiskit-community.github.io/qiskit-metal/tut/index.html

그림 3-11. 정연욱 제공

표 3-1. 아래 출처를 참조하여 재구성

Arute F, Arya K, Babbush R, et al. Quantum supremacy using a programmable superconducting processor. Nature. 2019;574(7779):505-510. doi:https://doi.org/10.1038/s41586-019-1666-5; Acharya R, Abanin DA, Laleh Aghababaie-Beni, et al. Quantum error correction below the surface code threshold. Nature. Published online December 9, 2024. doi:https://doi.org/10.1038/s41586-024-08449-y; D-Wave Introduces 2000Q Quantum Computer. HPCwire. Published 2019. Accessed September 1, 2025. https://www.hpcwire.com/off-the-wire/d-wave-introduces-2000q-quantum-computer/; Introducing the Advantage System. D-Wave Quantum Inc. Published June 19, 2024. Accessed September 1, 2025. https://support.dwavesys.com/hc/en-us/articles/360056364753-Introducing-the-Advantage-System; https://www.ibm.com; https://newsroom.ibm.com; https://investors.rigetti.com/news-events/news-releases

표 3-2. 과학기술정보통신부. Published 2025. Accessed August 14, 2025. https://www.msit.go.kr/bbs/view.do

그림 3-12. 정연욱 제공

4장 ─ 양자! 나노와 디지털을 넘어…

그림 4-8. 김재완 제공

양자컴퓨팅 혁명
0과 1 너머의 세상

ⓒ 최종현학술원 2025

1판 1쇄 인쇄	2025년 12월 2일
1판 1쇄 발행	2025년 12월 9일
기획	최종현학술원(Chey Institute for Advanced Studies)
지은이	김정상·정연욱·김재완
편집·교정·교열	최종현학술원 과학혁신1팀(정민선·김성원·박유원), 김석현
펴낸이	박남주
편집자	박지연·한홍
디자인	책은우주다
펴낸곳	플루토
출판등록	2014년 9월 11일 제2014-61호
주소	07803 서울특별시 강서구 공항대로 237(마곡동) 에이스타워 마곡 1204호
전화	070-4234-5134
팩스	0303-3441-5134
전자우편	theplutobooker@gmail.com
ISBN	979-11-88569-92-2 93560

- 책값은 뒤표지에 있습니다.
- 잘못된 책은 구입하신 곳에서 교환해드립니다.
- 이 책 내용의 전부 또는 일부를 재사용하려면 반드시 저작권자와 플루토 양측의 동의를 받아야 합니다.